中国复合材料学会　组织编写

复合材料工程技术指导丛书

先进复合材料成型工艺图解

潘利剑　主编　张彦飞　叶金蕊　副主编

化学工业出版社
·北京·

本书采用大量试验过程中的图像资料,论述了复合材料构件制造中应用的热压罐成型技术、真空辅助成型技术、RTM成型技术、模压成型工艺以及自动铺放技术等的成型工艺原理、工艺流程、操作方法,不同工艺使用到的不同设备、原材料、辅助材料,各种工艺容易产生的不同缺陷与防治方法等。

　　本书浅显易懂,既适合初学者作为速成教材,也适用于复合材料结构制造操作人员作为作业指导书使用。

图书在版编目(CIP)数据

先进复合材料成型工艺图解/潘利剑主编;中国复合材料学会组织编写. —北京:化学工业出版社,2015.10(2023.8重印)
(复合材料工程技术指导丛书)
ISBN 978-7-122-24983-8

Ⅰ.①先… Ⅱ.①潘…②中… Ⅲ.①复合材料-成型加工-图解
Ⅳ.①TB33-64

中国版本图书馆CIP数据核字(2015)第196157号

责任编辑:赵卫娟　仇志刚	文字编辑:冯国庆
责任校对:宋　玮	装帧设计:张　辉

出版发行:化学工业出版社(北京市东城区青年湖南街13号　邮政编码100011)
印　　装:涿州市般润文化传播有限公司
710mm×1000mm　1/16　印张9¹/₂　字数165千字　2023年8月北京第1版第10次印刷

购书咨询:010-64518888　　　　售后服务:010-64518899
网　　址:http://www.cip.com.cn
凡购买本书,如有缺损质量问题,本社销售中心负责调换。

定　　价:78.00元　　　　　　　　　　　　

京化广临字2015——20号

丛书编委会名单

主　　编：朱建勋

副 主 编：陈绍杰　黄发荣　李　炜　武高辉　肖加余

　　　　　张博明

编　　委：（按拼音排序）

　　　　　陈绍杰　龚　夔　郭早阳　黄发荣　蒋　云

　　　　　李　炜　李　岩　李云涛　刘　玲　王荣国

　　　　　吴申庆　武高辉　肖加余　徐吉峰　姚学锋

　　　　　叶金蕊　张博明　朱建勋

序

　　材料工业是国民经济的基础产业，新材料是材料工业发展的先导。在《"十二五"国家战略性新兴产业发展规划》（国发〔2012〕28号）中将新材料列入七大战略性新兴产业。在高性能复合材料产业方面明确提出以树脂基复合材料和碳-碳复合材料为重点。在新材料产业创新能力建设方面，要求在重点领域建设一批新材料技术创新、产品开发、分析检测、推广应用和信息咨询的公共服务平台。

　　据统计，2014年中国的碳纤维需求量10600t，达到全球总需求量的19.8%，而目前国内理论年产能达到1000t的企业仅有4家；当前国内开设复合材料与工程专业的高等院校仅有25所，年毕业生不足800人。专业技术人才的培养远远不能满足行业的快速发展，现有的复合材料科学研究和科技成果难以得到大范围的普及推广。如何全面提升复合材料从业人员的专业技术水平，提升企业产能和产品品质，提升产业竞争力，成为我国复合材料产业实现跨越式发展亟待解决的关键问题。

　　在此背景下，中国复合材料学会组织编写的《复合材料工程技术指导丛书》坚持图文并茂的写作方式，力求使操作人员最直观、快速了解相关操作流程。随着中国复合材料学会学会工程技术继续教育系列培训活动的不断发展，丛书将涵盖复合材料力学性能测试标准、复合材料成型工艺、复合材料结构设计、复合材料成型模具加工、复合材料选材、复合材料分析检测等复合材料工程技术各个方面，建成适合全行业从业人员的系统性指导手册体系。

　　在国家"十三五"规划即将开始之际，衷心希望复合材料行业的从业人员能够借助中国复合材料学会这个交流合作平台，实现自身能力提升，寻得更多合作机会，全面提高产品品质，保障我国先进复合材料产业持续健康快速发展。

2015年5月

前　言

　　先进树脂基复合材料是以有机高分子材料为基体，以高性能连续纤维为增强材料，通过复合工艺制备而成，并具有明显优于原组分性能的一类新型材料。近年来其应用从最早的航空航天领域已经逐渐拓展到国民经济各个行业，发挥的作用也越来越重要。先进树脂基复合材料制造技术在很大程度上决定了复合材料构件的质量、成本和性能。编者受中国复合材料学会的委托编写了本书，作为复合材料从业人员的培训资料。

　　先进树脂基复合材料成型技术主要包括：热压罐成型技术、液体成型技术（包括 RTM 成型技术、VARI 成型技术等）、自动铺放技术、拉挤成型技术和缠绕成型技术等。本书主要介绍了先进树脂基复合材料构件制造中主要应用的热压罐成型技术、VARI 成型技术、RTM 成型技术、热压成型工艺以及自动铺放技术等。详细阐述了各种成型工艺原理、工艺流程、操作方法，不同工艺使用到的不同设备、原材料、辅助材料，各种工艺容易产生的不同缺陷与防治方法，各种工艺涉及的不同基础性的研究。

　　本书采用图文并茂的方式，对各种工艺所用的材料、流程、操作方法进行了详细的描述，采用了大量实际试验过程中的图像资料，阐述了各种成型工艺中使用的仪器设备、环境条件和操作步骤。本书浅显易懂，既适合初学者作为速成教材，也适用于复合材料结构制造操作人员作为作业指导书使用。本书各试验方法均具有一定的独立性，应用过程中可以根据实际情况进行有针对性地选择。

　　本书由潘利剑任主编、张彦飞任副主编，其中第 1～5 章由潘利剑编写，第 6 章由张彦飞编写。参与编写的其他人员有庄恒飞、王英男、胡秀凤、王召召、段振锦、刘宇婷。限于编者水平，书中难免有不妥之处，恳请专家、读者多加批评指正，以便我们进行修改、补充和不断完善。

　　特别致谢：感谢东华大学民用航空复合材料协同创新中心以及中国商飞上海飞机制造有限公司对本书编写过程的大力支持。

编者

2015 年 10 月

目　录

第3章

热压罐成型

第4章

真空辅助成型

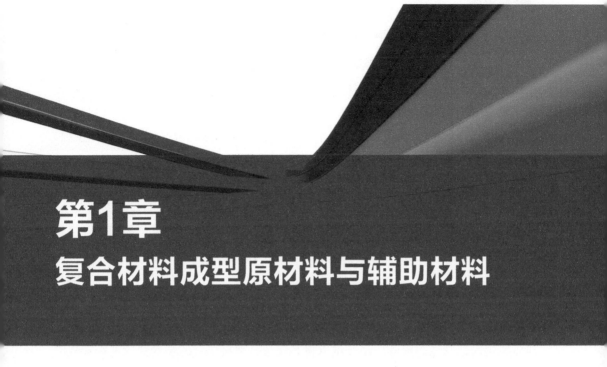

第1章
复合材料成型原材料与辅助材料

1.1 复合材料成型原材料

1.1.1 预浸料

预浸料是用控制量的树脂（热固性或热塑性）浸渍纤维或织物后形成的中间材料。浸渍技术有溶剂浸渍、热熔体浸渍、粉末浸渍等。预浸料可以"B阶段"状态或部分固化后储存。单向预浸带（所有纤维平行）是最常见的预浸料形式，它们提供单向增强。机织布及其他平面织物预浸料提供二维增强，它们一般成卷销售。还有用纤维预成型体和编织物制成的预浸料，它们提供三维增强。如图1-1所示为碳纤维平纹织物预浸料。

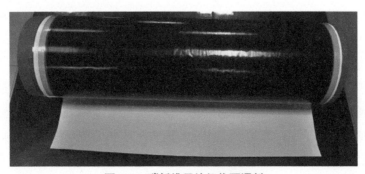

图 1-1 碳纤维平纹织物预浸料

溶剂浸渍法是用溶剂稀释树脂，使稀释的树脂浸透所指定的纤维，然后蒸发掉浸渍纤维上的溶剂并使其干燥。它是将多束连续纤维在牵引力的作用下，从纱架引出，经过整纱、展平、展开、浸入浸胶槽与烘干工序，然后切边收卷制成。一定要注意保证不留溶剂，因为溶剂的残留物会使最终制成品固化时产生空隙。此浸渍材料铺上一层涂有脱模剂的纸，然后整体被卷成产品，进行贮存、冷冻，其贮存周期可持续几个月或几年。

溶剂浸渍法的主要缺点是溶剂对环境的影响，对敞槽浸胶工艺需提供安全、防爆的车间，以及既溶解有些坚韧的树脂体系而不损害其力学性能的问题（尽管化学配方的进展已改善了后面的问题）。这些障碍激励了另一种替代体系——热熔体浸渍。

热熔体浸渍法是将硅酮（聚硅氧烷）脱模纸涂覆上树脂膜（通常是两面）。将两层干纤维和一层双面膜组合在一起形成一个三层的预浸渍单元，然后通过加热的压紧辊筒把黏性的树脂压进纤维以将其浸透。然后层合的预浸料通过冷却辊筒并从那里卷上大辊筒供贮存及运输。

树脂膜重量、纤维密度、加热温度、加压压力、冷却速率和其他参数的控制，可以保证重复生产达到要求的质量。运行速度高达170m/min的精密涂胶机控制树脂膜的质量可在 $12 \sim 120g/m^2$ 之间进行设定。树脂供应商已调整化学成分以使其适应热浸渍的需要，减少了早先热熔工艺中树脂不能彻底浸透纤维的麻烦，另外 β 射线测量的尖端在线监测使树脂的诸参数能迅速调整，从而保证质量。把纤维和树脂集合在精确测定的数量范围内使废料减至最少，并且用少量试验生产即能迅速被优化。

预浸料具有稳定一致的纤维/树脂复合效果，能使纤维完全被浸透。使用预浸料，在模塑成型时就无需称量和混合树脂、催化剂等。预浸料中，热固性预浸料的铺覆性和黏性较好，容易操作，但它们必须在低于室温的温度下贮存，而且有适用期的限制。也就是说，它们脱离贮存条件后必须在一定的时间内使用，以免发生过早的固化反应。而热塑性预浸料没有这些局限，但它们若无特殊的配方，就会缺乏热固性预浸料那样的黏性或铺覆性，因而更难操作。

预浸料一度被认为成本很高而不宜大量生产，但现在预浸料正在迅速成为从航空航天到可再生能源材料生产的理想选择。实际上，预浸料市场在近年来经历了很大的发展。由于预浸料被广泛接受和面临一些新的市场机遇，目前预浸料行业在整体上颇具吸引力，其利润幅度高于平均水平。这一形势已吸引了投资商和用户的很大关注。世界上各大预浸料生产商也密切注视市场竞争动态，力图占有尽可能多的市场份额。而如何有效地满足用户要求则是决定能否长期成功的关键。

1.1.2 纤维织物

编织是一种基本的纺织工艺，是能够使两条以上纱线在斜向或纵向互相交织形成整体结构的预成型体。这种工艺通常能够制造出复杂形状的预成型体，但其尺寸受设备和纱线尺寸的限制。在航空工业，目前该技术主要集中在编织的设备、生产和几何分析上，最终的目的是实现完全自动化生产，并将设备和工艺与CAD/CAM进行集成。该工艺技术一般分为两类：一类是二维编织工艺；另一类是三维编织工艺。

按织造方式的不同，主要可以分为以下几类。

① 机织碳纤维布，主要有平纹布、斜纹布、缎纹布、单向布等。

② 针织碳纤维布，主要有经编布、纬编布、圆机布（套管）、横机布（罗纹布）等。

③ 编织碳纤维布，主要有套管、盘根、编织带、二维布、三维布、立体编织布等。

碳纤维平纹织物和缎纹织物如图1-2所示。

|(a)|(b)|

图1-2 碳纤维平纹织物（a）和缎纹织物（b）

1.1.3 基体树脂

基体主要是起连接、支撑和保护纺织增强件（纤维、线或织物）的作用，使增强件保持在设计的方向和位置上，具有刚性和稳定性，还能使载荷均匀分布，并传递到纤维上去。

基体树脂可分为热固性树脂和热塑性树脂两大类。热固性树脂是指加热后产生化学变化，逐渐硬化成型，再受热也不软化，也不能溶解的一种树脂。热固性树脂在固化后，由于分子间交联，形成网状结构，因此刚性大、硬度高、耐温高、不易燃、制品尺寸稳定性好，但性脆。热固性树脂基体的可选择范围较大，且应用广，耗量大。常用的热固性树脂有聚酯、环氧、改性双马来酰亚胺、酚醛、脲醛等。

典型的热塑性树脂基体有聚醚醚酮（PEEK）、聚苯硫醚（PPS）、聚醚酰亚胺（PEI）等。采用热塑性树脂为基体的复合材料具有许多优于热固性复合材料的综合性能，热塑性复合材料最突出优点是具有较高的韧性、优秀的损伤容限性能以及良好的抗冲击性能，有利于克服热固性树脂基复合材料层间韧性不足和冲击分层的缺点，可应用于使用环境较为苛刻、承载能力要求较高、容易受到强烈冲击的场合。另外，一些高性能热塑性复合材料（例如纤维增强PEI）的长期使用温度可达250℃以上，其耐热性能明显优于热固性复合材料；其还具有优良的抗蠕变能力，可以在较高温度条件下长期使用。同时，热塑性复合材料的耐水性也高于热固性复合材料，可在潮湿环境下使用。热塑性复合材料的预浸料存放环境与时间无限制，废料还可以回收再利用，故通常被称为"绿色材料"。热塑性复合材料在加工过程中不发生化学反应，成型周期短，结构件可以直接熔融焊接，无需铆接，并且维修方便，故具有较大降低结构件制造成本和使用成本的潜力。

1.2　辅助材料

1.2.1　真空袋膜

如图1-3所示为真空袋薄膜，它的用途是形成真空体系，提供良好的覆盖性，并在固化温度下不透气。真空袋薄膜一般经吹塑或铸塑制成，厚度为0.05～0.075mm，要求其伸长率为300%～400%。典型的真空袋薄膜有美国Richmond生产的HS6262、HS8171和HS800等。

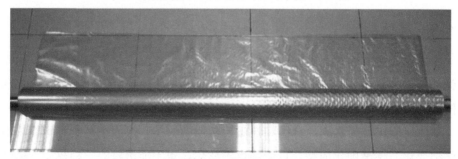

图1-3　真空袋膜

1.2.2 密封胶带

如图1-4所示，密封胶带是一种有黏性的挤出橡胶带，适用于各种成型模具，能牢固地粘接真空袋薄膜和模具，保证热压罐成型过程中真空袋的气密性要求。固化成型完毕后，在成型模具上不残留密封材料残渣，且能容易剥取下来。

图 1-4　密封胶带

1.2.3 脱模剂

脱模剂（图1-5）是一种为使制品与模具分离而附于模具成型面的物质。其功能是使制品顺利地从模具上取下来，同时保证制品表面质量和模具完好。脱模剂主要有如下种类。

图 1-5　脱模剂

（1）薄膜型脱模剂 主要有聚酯薄膜、聚乙烯醇薄膜、玻璃纸等，其中聚酯薄膜用量较大。

（2）混合溶液型脱模剂 其中聚乙烯醇溶液应用最多。聚乙烯醇溶液是采用低聚合度聚乙烯、水和乙醇按一定比例配制的一种黏性、透明液体。干燥时间约30min。

（3）蜡型脱模剂 这种脱模剂使用方便，省工省时省料，脱模效果好，价格也不高，因此应用也广泛。

1.2.4 隔离膜

隔离膜（图1-6）的用途是防止辅助材料与复合材料制件粘连，抑制流胶及替代脱模剂等。隔离膜分为有孔和无孔两种，有孔薄膜适用于成型工艺过程中吸出多余树脂基体材料或排出气体，一般用于成型材料和吸胶毡或透气毡之间。

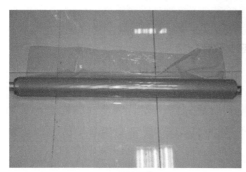 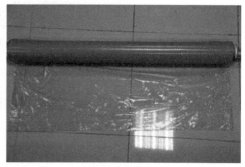

(a) 无孔隔离膜　　　　　　　　　　(b) 有孔隔离膜

图 1-6　隔离膜

1.2.5 透气毡

透气毡（图1-7）是为了连续排出真空袋内的空气或固化成型过程中生成气体而生产的一种通气材料。通常与隔离膜并用，不直接与复合材料制件接触。

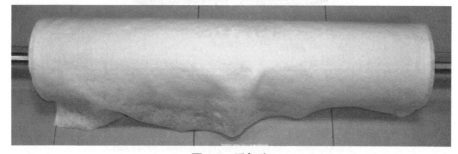

图 1-7　透气毡

1.2.6　吸胶毡

　　吸胶毡的主要用途是在复合材料制品成型工艺过程中，吸出多余的树脂基体材料。使用时根据复合材料制件纤维体积含量要求，确定固化成型工艺参数，来选择吸胶材料的种类和层数，以保证复合材料制件质量的稳定性。

1.2.7　压敏胶带

　　压敏胶带（图1-8）的主要用途是将隔离膜、透气毡、吸胶毡等用辅助材料固定于成型模具上。要求压敏胶带具有很强的粘接力，固化后在成型工装模具表面不留有粘接剂的残渣。

图 1-8　压敏胶带

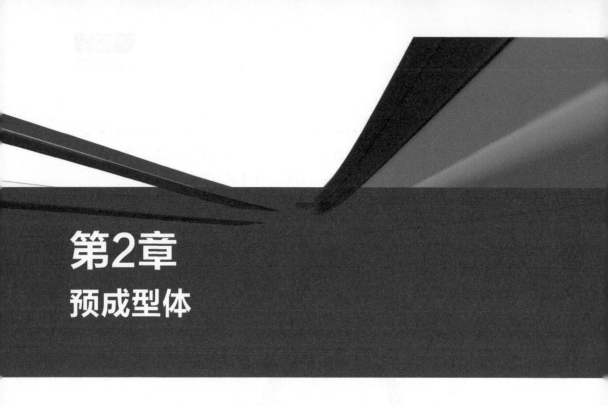

第2章
预成型体

2.1 自动铺放

自动铺放技术包括自动铺带技术和自动铺丝技术，这两项技术的共同优点是采用预浸料，并能实现自动化和数字化制造，高效高速。自动铺放技术特别适用于大型复合材料结构件制造，在各类飞行器，尤其是大型飞机的结构制造中所占比重越来越大。

2.1.1 自动铺带

自动铺带机由美国Vought公司在20世纪60年代开发，用于铺放F-16战斗机的复合材料机翼部件。随着大型运输机、轰炸机和商用飞机复合材料用量的增加，专业设备制造商（如Cincinnati Machine公司、Ingersoll公司）在国防需求和经济利益的驱动下开始制造自动铺带设备，此后自动铺带技术日趋完善，应用范围越来越广泛。

自动铺带技术采用有隔离衬纸的单向预浸带，剪裁、定位、铺叠、辊压均采用数控技术自动完成，由自动铺带机实现。利用多轴龙门式机械臂可完成铺带位置自动控制，核心部件——铺带头（图2-1）中装有预浸带输送和预浸带切割系统，根据待铺放工件边界轮廓自动完成预浸带特定形状的切割，预浸带加热后在压辊的作用下铺叠到模具表面。自动铺带技术是复合材料成型自动化的典型代表，集机电装备技术、CAD/CAM软件技术和材料工艺技术于一体，其具有高效、高质量、高可靠性、低成本的特点，主要用于平面型或低曲率的曲面型构件，或者说准平面型复合材料构件的层铺制造，特别适合大尺寸和复杂构件的制造，减少了拼装零件的数目，节约了制造和装配成本，极大地降低了材料的废品率和制造工时。按所铺放构件的几何特征，自动铺带机分为平面铺带（FTLM）和曲面铺带（CTLM）两类。FTLM有4个运动轴，采用150mm和300mm宽的预浸带，主要

图2-1　自动铺带头

用于平板铺放。CTLM有5个运动轴，主要采用75mm和150mm宽的预浸带，适于小曲率壁板的铺放，如机翼蒙皮、大尺寸机身壁板等部件。

复合材料自动铺放系统由预浸带供料盘、自动铺放机（包含铺带头）、构件模具、数控系统、复合材料构件、CAD/CAM软件等组成。自动铺带的主要工作过程为：将复合材料预浸带安装在铺放头中，多轴机械臂对铺带位置进行自动控制，预浸带由一组滚轮导出，预浸带加热后在压辊的作用下铺叠到工装或上一层已铺好的材料上，切割刀将预浸带按设定好的方向切断，能保证铺放的材料与工装的外形相一致，铺放的同时，回料滚轮将背衬材料回收。

工业实践表明，应用自动铺放装备生产的复合材料构件，和传统人工/半自动层铺复合材料构件工艺相比，在层铺劳动量、铺放生产率、材料利用率、制造精度、生产成本等方面均具有很大的优势，其中铺放生产率可达到10～40kg/h，是人工层铺的数十倍，适合于复杂复合材料结构的制造。

自动铺带技术可提高复合材料产品的质量和生产效率、降低制造成本、减轻结构重量，因此该技术已广泛应用于B787（中央翼盒、主翼蒙皮、尾翼）、A400M（机翼、翼梁）和A350XWB（机翼、蒙皮、中央翼盒）等型号飞机，如图2-2所示。

图 2-2 自动铺带设备成型 A350 壁板蒙皮

2.1.2 自动铺丝

　　自动铺丝技术由美国航空制造界在20世纪70年代开发，用于复合材料机身结构制造，主要针对缠绕技术的不足进行创新，其技术核心是铺放头的设计研制和相应材料体系与设计制造工艺开发。波音公司研制出"AVSD铺放头"，解决了预浸纱、切断与重送和集束压实的问题，1985年完成了第一台原理样机，法国宇航公司（Aerospatial）1996年研制出欧洲第一台六轴六丝束自动铺丝机，德国BSD公司2000年研制出七轴三丝束热塑性窄带铺丝试验机。20世纪80年代后期，专业数控加工设备制造商积极介入，进一步研发自动铺丝机，Cincinnati Machine公司1989年设计出其第一台自动铺丝系统并投入使用，该系统申请注册的专利多达30余项。其在硬件方面也不断进步：机型从原来的 Viper 1200、Viper 3000、Viper 4000升级到 Viper 6000，数控系统从模拟量控制的A975升级到全数字控制的CM100，开发了专用的CAD/CAM软件和ACES系统。Ingersoll公司1995年研制出其第一台自动铺丝机，该自动铺丝机采用FANUC数控系统和自行开发的CPS软件，其铺丝头结构独特、特性好，适于大型产品生产，尤其是该公司最新开发的大型立式龙门铺丝机，效率之高，可以与自动铺带机相媲美，适于大面积、大曲率构件成型，为制造飞机复合材料构件提供了成型手段。美国的其他公司，包括设备制造商、飞机部件制造商和研究机构也不断开发自动铺丝技术，包括双向铺丝技术、丝束重定向控制、预浸纱整型、纤维连续平滑移动铺放、柔性压辊、热塑性自动铺丝、超声固结成型等技术。最新进展包括预浸纱气浮轴承传输、多头铺放、可换纱箱与垂直铺放、丝-带混合铺放等。

　　自动铺丝技术综合了自动铺带和纤维缠绕技术中的优点，铺丝头把缠绕技术中不同预浸纱独立输送和自动铺带技术的压实、切割、重送功能结合在一起，由铺丝头将数根预浸纱在压辊下集束成为一条宽度可变的预浸带，宽度大小通过程序控制预浸纱根数自动调整后铺放在芯模表面，加热软化预浸纱并压实定型。典型的自动铺丝机系统包括7个运动轴和12～32个丝束预浸纱或带背衬的切割预浸窄带输送轴。

　　与自动铺带技术相比，自动铺丝技术有两个突出的优点。

　　① 采用多组预浸纱，具有增减纱束根数、根据构件形状自动切纱以适应边界的功能，几乎没有废料，且不需要隔离纸就可以完成局部加厚、混杂、加筋、铺层递减和开口铺层补强等多种设计要求。

　　② 由于各预浸纱独立输送，不受自动铺带中自然路径轨迹的限制，铺放轨迹自由度更大，可以实现连续变角度铺放，适合大曲率复杂构件成型。

　　纤维束自动铺放设备成型的机头和机身段如图2-3所示。

图 2-3　纤维束自动铺放设备成型的机头和机身段

2.1.3　自动铺放的国内外发展

　　20世纪70年代末期至80年代初，第一批商业生产的自动铺带机（平面、曲面）推出，并用于军用轰炸机B-1、B-2的飞机部件制作。

　　20世纪80年代以后，自动铺带技术开始广泛应用于商业飞机的制造领域。同期，美国航空制造商将自动铺带技术广泛应用于其他项目，主要包括：F-22战斗机（机翼）、波音777民用飞机（全复合材料尾翼、水平和垂直安定面蒙皮）和军用C-17运输机（水平安定面蒙皮）、V-22倾转旋翼飞机（旋翼蒙皮）等。欧洲复合材料铺带成型的产品含有机翼蒙皮、尾翼、翼梁、增强肋等，主要包括空客A330/A340（水平安定面蒙皮）、A340-500/600（尾翼蒙皮）和A380（安定面蒙皮、中央翼盒）等。

自动铺带技术经过20世纪90年代的蓬勃发展，在成型设备、软件开发、铺放工艺和原材料标准化等方面得以深入发展，相关软件界面更加友好，铺放机铺放效率和可靠性更高。2006年以后，欧美将自动铺带技术应用于Boeing787（中央翼盒、主翼蒙皮、尾翼）、A400M（机翼、翼梁）、A350XWB（机翼、蒙皮、中央翼盒）等型号飞机上。

经过几十年的发展，带有双超声波切刀切割系统和在线检测系统的10轴铺带机已经成为自动铺带系统的标准配置，铺带宽度最大达到300mm，生产效率达到1000kg/周，铺带成型质量显著提高。

自动铺丝技术在第四代战斗机的典型应用包括S形进气道和中部机身翼身融合体蒙皮。波音直升机公司率先应用自动铺丝技术研制V-22倾转旋翼飞机的整体后机身，原有后机身由9块手工铺叠的壁板装配构成，改为整体铺放后，减少了34%的固定件、53%的工时，废品率降低了90%。Raytheon公司率先在商用飞机机身的研制中应用自动铺丝技术，包括Premier I和霍克商务机的机身。Premier I机身采用整体成型蜂窝夹层结构，取消了框架和增强肋，没有铆钉和蒙皮接点。前机身从雷达罩壁板一直延伸到后压力舱壁板（长8m），包括行李舱、座舱和驾驶舱后机身从后压力壁板延伸到机尾（长5m），采用整体复合材料结构的机身比铝合金机身减重273kg。

自动铺丝技术在Premier I上的成功应用为其在大型飞机上应用奠定了坚实的基础。自动铺丝技术最早在大型飞机上的应用包括B747及B767客机的发动机进气道整流罩试验件，该整流罩试验件在制造过程中采用自动铺放与固化分离技术。自动铺放技术在A380飞机上的应用以自动铺带为主，用于生产垂尾、平尾和中央翼盒等，并开始在尾段采用自动铺丝技术。

举世瞩目的B787，其复合材料使用量达到50%，这在很大程度上得益于自动铺放技术：所有翼面蒙皮均采用自动铺带技术制造，全部机身采用自动铺丝技术整体制造，首先分别由不同承包商分段制造，然后在西雅图工厂组装。

国内自动铺带技术研究起步较晚，起步于"十五"初期，南京航空航天大学率先开始自动铺放技术的研制。2004年起，与北京航空材料研究院联合开发自动铺带设备，并完成了小型铺带机的研制工作，南京航空航天大学设计了具有3轴平移、双摆角运动的5轴台式龙门机械臂，研制了力矩电机收放、步进电机驱动的预浸带输送、预浸带气动切割与超声辅助切割、主-辅压辊成型等技术。应用开放式数控系统技术开发出5轴联动、3轴随动切割和温度与压力控制的自动铺带控制系统软硬件，实现了预浸带定位、剪裁、热压铺叠基本功能。在此基础上，2005年研制成功国内第一台自动铺带原理样机，实现了自动铺带的基本功能。北京航空材料研究院应用这台样机开展了环氧预浸料和双马来酰亚胺预浸料铺带适应性与铺带工艺试验。上述基础性的研究工作为进一步发展具有自主知识产权的自动铺放技术奠定了基础。

国内同时开展自动铺带技术与应用研究的有哈尔滨飞机工业公司、北京航空材料研究院、北京航空制造工程研究所、武汉理工大学和天津工业大学等。武汉理工大学和天津工业大学在自动铺带机机构设计分析、控制系统架构与仿真等基础研究方面开展了诸多有益探索。2006年，中航工业北京航空制造工程研究所启动了大型复合材料构件自动铺带设备的研制及应用研究项目，与Forest-Line公司合作，采用引进自动铺带头关键部件集成的技术路线研制翼面大型自动铺带机，该研究所自主开发了大型复合材料自动铺带专用设备，为国内自动铺带技术的发展奠定了材料基础。哈尔滨飞机工业公司于2007年引进西班牙自动铺带机，应用进口预浸料实现了试验翼面的自动铺带工艺，并用国产预浸料开展了工程应用试验研究。"十一五"期间，国内已经突破了自动铺带装备和软件关键技术，铺带材料和铺带工艺技术成为制约自动铺带技术发展的关键。进一步完善装备功能，实现设备专用化和多样化以满足不同需求将是今后一个时期自动铺带技术的发展重点。

2.2 热隔膜

复合材料梁结构外形狭长、结构复杂，很难应用自动铺放技术，为了使这些大尺寸梁构件的生产也能享受自动化带来的好处，航空工业界的工程师把铺叠过程分成两个阶段：首先通过自动铺带机铺叠出正确形状及铺层的平板叠层，平板的厚度一般在1～5mm之间。然后将平板叠层转移到热隔膜成型机上，使其整体贴合模具，然后再封装固化。

图2-4为热隔膜成型原理图。在热隔膜成型过程中，平板叠层被置于两个可以自由变形的隔膜之间，隔膜被夹持在模具的边缘，首先把双隔膜之间抽成真空以便提供一个夹持平板叠层的压力，并将平板叠层和隔膜组装在真空箱上，然后在平板叠层上面进行红外加热，到达工艺温度时开始对真空箱抽真空，两隔膜之间

的平板叠层受大气压力会缓慢贴合到模具表面。该成型工艺的工序类似于片状热塑性塑料的热成型过程，只是热隔膜成型的坯件是由平板叠层预浸料和隔膜共同组成的，隔膜通常是高温可变形材料，如聚酰亚胺薄膜或橡胶薄膜。在成型过程中，被夹持在真空箱边缘的隔膜处于拉伸状态，因此薄膜和平板叠层之间存在相互摩擦作用，这有助于使平板叠层保持张力，从而防止纤维在成型过程中发生屈曲和褶皱。当成型过程结束之后，制件在大气压力下冷却到预浸料软化温度以下，最后卸压并从模具上剥去隔膜取出制件。

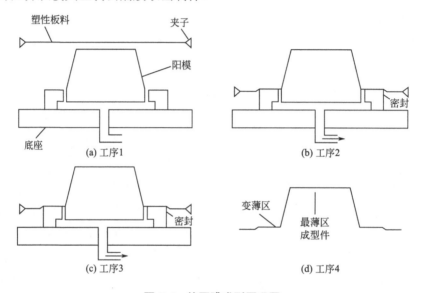

图 2-4　热隔膜成型原理图

热隔膜成型技术（Hot-diaphragm Forming）已经用于A400M的机翼梁生产。A400M的每个机翼的翼梁分成两段制造，前翼梁分成12m和7m两段，后翼梁分成14m和5m两段，构件的尺寸比较大，如果仍然采用手工铺叠，效率太低，铺叠率一般只有0.75kg/h，因此在生产中将应用铺带机进行铺叠，随后用热隔膜成型出"C"形截面梁，铺叠率能达到25kg/h。为成型出"C"形截面梁，平板叠层被送到由英国Aeroform公司提供的热隔膜成型机上成型。为了便于抽真空，平板叠层夹在两个由杜邦公司提供的卡普顿（Kapton）聚酰亚胺薄膜制成的隔膜之间，隔膜之间密封且抽真空，然后在平板叠层上面进行红外加热，直到将温度升到60℃，这样可以保证平板叠层均匀加热到同一温度，然后缓慢对两隔膜间平板叠层加压，并使其与模具贴合形成机翼梁的内表面。在30min内"C"形截面梁成型完成后，便可去除卡普顿薄膜，将"C"形截面梁转移到殷钢制成的阳膜上，最后封装进热压罐固化（图2-5）。

图 2-5 热隔膜成型"C"形截面梁

传统手工铺覆异型件，当铺层厚度大于0.25m时，需要2～3天。而采用热隔膜机，可缩短梁类零件加工周期20%，降低成本30%。而且当铺层厚度大于0.25m时，采用热隔膜预成型机还可有效地减少打褶和纤维屈曲。采用预成型的另一个意义在于，通过将固化分为两步，可以有效地保证精度及合适地控制翘曲。

热隔膜成型已成功地应用于波音777长桁和V22长桁的生产，A400M的机翼前梁也用了此工艺方法生产。

A400M机翼前梁是在英国GKN公司生产的，被称为第一个用热隔膜成型的最大、最关键部件。GKN公司为此投入了140万英镑向西班牙订购了一台11轴、20m长的高速铺带机，使工时比原来手工铺层提高50倍，成本降低30%，不仅提高了质量、紧密度，还减少了无损检测时间。首先在该机上将CYTEC公司提供的预浸料铺成平的层压件，然后将该层压件移至Aeroform公司提供的热隔膜成型机上，置于两层由Dupot Electronic Technologies公司提供的Kapton Polyimide Film（一种聚酰亚胺薄膜）隔膜之间，隔膜中间抽真空，从上面开始缓慢加温（红外线加温）1h，直到温度全部达到60℃，然后再抽真空，将隔膜压紧夹住层压件，均匀压到模具上，约20min结束，保证"C"形梁的内型正确。最后取下预成型件，撕去隔膜（隔膜报废），将预成型件转移到固化工装上，装夹好，送入热压罐固化。

Accudyue公司生产专门的桁条铺带机，可成型30cm宽、11m长的层压件，铺层速度为100ft/min（30.48m/min），边缘平齐度为0.018in（0.457mm），切割精度为0.030in（0.762mm），有塔式装卸装置，可自动更换材料。

波音777和V22的长桁铺层后用热隔膜成型，克服了用老办法成型时的表面皱褶及其他缺陷。其中V22用的是正向成型法，而波音777采用的是反向成型法，即将材料置于模具下部，隔膜又置于材料下部，抽真空后通过隔膜向上将材料包向模具，补加工或需添补之处在进入热压罐前在夹具上解决。

2.3　纤维预成型体

纤维预成型技术是20世纪90年代初开发的一种新颖、实用的纤维预成型体制备技术。其原理是在增强纤维或织物表面涂覆少量的特殊增黏材料——增黏剂或定型剂，通过溶剂挥发、先升温软化或熔融（预固化）后冷却等手段使叠层织物或纤维束之间黏合在一起，同时借助压力和形状模具的作用来制备所需形状、尺寸和纤维体积含量的纤维预成型体。纤维预成型技术在一定程度上克服或弥补了编织、缝合等纺织预成型技术的某些不足，对质量要求高、性能要求稳定、结构复杂的制件尤为重要，尤其适用于制备结构形状复杂或大型的纤维预成型体，在保证产品质量、生产工艺快速及自动化方面具有重要意义，是实施液体成型低成本化的重要途径和手段。

2.3.1　纤维预成型体的工艺性

纤维预成型体必须满足一系列的工艺要求才能保证液体成型制件的质量和性能。为了制备高性能、低成本的液体成型制件，其纤维预成型体必须满足以下几方面要求。

（1）浸渍性　纤维预成型体必须在尽可能小的压力下和尽可能短的时间内被树脂充分浸渍，即用来表征浸渍效果的渗透率要尽可能提高。

（2）抗冲刷性　在树脂充模流动时，为保证纤维的分布和排列方向不被冲乱，预成型体必须能承受树脂流过时施加的冲刷力，这就要求预成型体具有良好的抗冲刷性。所以纤维预成型时，要确保预成型体具有一定的强度和刚度。

（3）均匀性　预成型体各部分的浸渗参数差应尽可能小，以利于树脂能按照预定方向流动。因此制备预成型体时应均匀分散增黏剂。

（4）可操作性　预成型体的可操作性依赖于预成型体的刚性和整体性，目的是使预成型体在工艺过程中易于操作而不会对纤维的排列和体积分数造成负面影响。

（5）表面平整性　对于表面质量要求高的制件（如汽车件），预成型体的表面质量直接影响着制件的使用。有时还必须通过应用胶衣树脂才能达到使用要求。

此外还应注意到纤维的浸润性。纤维的浸润性取决于纤维和树脂的表面自由能，纤维的表面自由能与树脂的表面自由能的比值越高，纤维越容易被树脂浸润。因此，在采用增黏剂制备预成型体时，必须考虑树脂对含增黏剂纤维的浸润性，确保经增黏剂处理后能提高纤维的浸润性。

2.3.2　纤维预成型技术

纤维预成型技术一般是预先制成薄层单层件，再在模具中铺放需要层数的此单层件并制成整体结构纤维预成型体。此技术的关键之一就是选择既具有足够黏附力，又要与注射树脂相容的增黏剂，它对定型、浸润、渗透和相容等起着决定性的作用，其主要作用是将纤维黏合在一起，以保持预成型体形状，防止纤维在注射树脂时冲刷变形。增黏剂一般分为热塑性和热固性两种。热塑性增黏剂有尼龙、聚对苯二甲酸乙二酯、聚丙烯和聚苯硫醚等。热固性增黏剂有环氧、乙烯基酯、聚酯、双马来酰亚胺等树脂。

根据增黏剂的物理状态和实施工艺途径的不同，目前基本可以将纤维预成型技术分为柔性树脂膜铺放法、固态树脂粉末沉积法、液态树脂喷洒法及特殊增黏剂纤维布带铺放法4类。

（1）柔性树脂膜铺放法　柔性树脂膜铺放法的基本工艺是先将适量的柔性膜状增黏剂铺放到纤维或织物的表面，经过加热使树脂膜软化，再经冷却处理、卸接触压等工序制得具有黏附性的单向纤维带或二维织物，然后按需求裁剪、逐层叠放，在压力和形状预成型模等的作用下，即可得到表面均匀黏附增黏剂的预成型体。

柔性树脂膜铺放法的第一步，也是关键的一步就是制备合适的柔性树脂膜。成膜工艺可以采用现有技术中的多种工艺。例如，可通过高温下将增黏剂树脂浇在脱模纸上并在冷却后在压辊中间延展而制成树脂膜。也可用适当溶剂配成溶液后浇在平整的脱模纸上，待溶剂挥发后制成树脂膜。树脂膜可以在纤维带制造过程中作为一个整体步骤来制备，或者单独制备并储存成卷状备用。要制得符合使用要求的纤维预成型体，柔性树脂膜必须满足以下要求。

① 在组成或结构上，柔性树脂膜应由可与液体成型注射树脂体系兼容的树脂制成。

② 在液体成型选择的注射树脂体系固化工艺下，柔性树脂膜能够熔融固化，与复合材料制件完全成为一个整体。

③ 树脂膜必须具有与脱模纸足够的黏附力以允许将纤维带成型为具体的轮廓形

状，但又可手工将其从脱模纸上取下来，而不会对树脂膜造成损坏或使纤维分开。

④ 树脂膜必须与纤维有足够的黏附性，以允许可以切割纤维带或织物，以及把纤维带放在预成型件中及移去脱模纸时不会弄乱定向纤维的方向。

在采用柔性树脂膜铺放法制备纤维或织物预成型体，尤其是定向纤维带及其预成型体时，必须控制以下两点。

① 树脂含量 树脂含量过高，会阻止液体成型注射用基体树脂的渗透；树脂含量过低，则其黏附性不足以使纤维定位。一般而言，纤维带的树脂质量分数控制在3%～8%范围内比较合适，在这种树脂含量下，定向纤维带既有足够的黏附性以防止纤维移动，又可弯折及定位在成型的轮廓表面以满足所需形状，同时又能保证液体成型注射用基体树脂能够完全渗入。一般可通过控制纤维和树脂膜的表观密度来控制树脂含量。

② 预成型温度 组合在一起的树脂膜和纤维在通过加热段时，加热段的温度一般要求控制在树脂膜的软化点和熔点之间，此时树脂膜软化使表面纤维部分埋在树脂膜中，而树脂膜又不会完全渗入纤维之间的间隙中，从而达到通过表面接触和少量渗透来固定纤维的目的。如果树脂熔化，由于树脂膜较薄，会失去黏附性和均匀性，进而导致纤维分离或分散。

（2）固态树脂粉末沉积法 固态树脂粉末沉积法的工艺是将一定粒径的固态树脂粉末增黏剂按照一定的工艺要求均匀沉积在织物表面，升温后树脂熔融、预固化（即半固化，使其具有一定的黏附性）并黏附在织物表面上，冷却后即得纤维预成型体。粉末增黏剂同样应具有与注射基体树脂良好的相容性和足够的黏附力，以保持整体性，同时还要能消除预成型体的回弹性，以便很好地控制预成型体尺寸。此外，固态树脂粉末增黏剂还应满足以下要求。

① 颗粒粒径分布要适中，一般为100～400μm。

② 熔点较高且相对稳定，避免贮存期间相互黏结。

常见的短切纤维预成型体和连续纤维预成型体一般都采用固态树脂粉末增黏剂。固态树脂粉末增黏剂的加入方法一般有手工法、筛选法、静电喷射法、气动流化床法及溶剂法等。

（3）液态树脂喷洒法 液态树脂喷洒法一般是先用合适的溶剂将增黏剂配制成一定浓度的低黏度溶液，喷洒到织物的表面，待溶剂挥发后制得具有黏附性的低树脂含量织物，然后按需求裁剪、逐层叠放，在压力和形状预成型模等的作用下，即可得到表面均匀黏附增黏剂的预成型体。此方法突出的优点是工艺简单、高效、成本低、可现场应用，是一种非常实用的纤维预成型技术，尤其适合于制备大型结构件或形状复杂的异构件等预成型体。

液态树脂喷洒法的不足是由于溶剂或单体的挥发会导致一定程度的环境污染，尤其是在使用烘箱加热制备预成型体时，应注意采取相应措施以避免火灾隐患。

（4）特殊增黏剂纤维布带铺放法　特殊增黏剂纤维布带铺放法的基本工艺是先将具有一定宽度、由特殊增黏剂制成的纤维布带逐层铺放到织物的一端表面，经过加热、加压固化等工序制得具有定型作用的纤维预成型体。该法目前主要是采用聚酯纤维纱布带作为增黏剂，配合用于制备纤维缠绕预成型体。在干纤维缠绕过程中，预成型体的形状完全靠干纤维张力来维持，没有增黏剂的预成型体切断后会变形，因此缠绕时在芯模端部每层之间放入一定宽度的聚酯纤维纱布带作为增黏剂。在纤维缠绕完成后，用电加热毡将纱布带包紧压实，加热熔融固化。切割时，用切刀在固化外端处围绕预成型体转动切割，露出芯模端部，将切割好的预成型体连同芯模一同放入树脂传递模塑（RTM）模具中。从芯模上脱模后，在 RTM 部件上再将含聚酯纤维纱布带端部切掉，制成纤维预成型体最终产品，与其他方法不同的是，上述纤维预成型体最终产品中一般不含有增黏剂。

2.3.3　纤维纺织预成型体

纺织预成型技术主要有机织、针织、编织、穿刺和缝纫等。基于纱束整体化的程度以及在预成型结构内厚度方向增强的程度，可把纺织预成型织物划分成二维和三维两大类型。近代发展的预成型技术，如角连锁机织和实体编织完全是整体化的结构，并且在厚度方向具有相当大程度的增强。这些预成型件属于三维织物。目前属于复合材料领域的三维纺织预成型件主要有：正交织物、多层机织物、多层针织物、编织物和缝合织物。上述五种三维织物的技术各有特点，应用场合也各不相同。迄今为止，还没有哪一种技术能完全取代另一种加工技术。

近 20 年来，人们对正交织物和编织物研究得较多，而对多层机织物、多轴向编织物以及缝合织物研究得较少。相信随着材料工作者对纺织品结构以及加工技术的不断了解，多层机织物和多轴向编织物等必将以其独特的成型方式及性能受到人们的青睐。目前的预制件成型技术正呈现以下趋势：

① 短纤维向连续纤维发展；

② 两向织物向平面多向织物发展；

③ 平面织物向立体织物发展；

④ 等密织物向多层不等密织物发展；

⑤ 平面织物向加微原纤织物发展。

三维编织复合材料作为复合材料的一个领域，是以三维整体织物作为增强体的复合材料，是20世纪50年代发展起来的一种新型织物复合材料。传统层合复合材料结构抵抗损伤导致的层间破坏能力较低，因此使得研究人员致力于研发一种全新概念的复合材料——三维编织复合材料。三维编织预制件及其复合材料除了有着传统复合材料所固有的重量轻、强度高等优点外，还有着传统复合材料所不具备的结构特点。传统的复合材料制件层与层之间存在纯基体区，即层与层之间没有纤维增强。由于基体的性能比较低，传统的层合板复合材料具有一些难以克服的弱点，如厚度方向的刚度和强度低、面内剪切和层间剪切强度低、易分层、冲击韧性和损伤容限水平低等。三维编织复合材料则克服了传统复合材料分层的缺点，从理论上讲三维编织复合材料可以达到任意厚度，而且沿厚度方向有纤维增强，形成了不分层的整体网状结构。从不同结构的三维机织预制件的横截面看，编织物的厚度方向有纤维穿过，并且与沿其他方向分布的纤维相互交织、交叉在一起，是一个完全的整体结构，根本不存在"层"的概念。因此，三维编织复合材料具有良好的层间性能、抗冲击性能和其他一些优良性能。同时，三维编织复合材料可以直接织造成各种异型件，避免了后加工造成的纤维损伤，提高了复合材料的损伤容限。美国宇航局从20世纪80年代末开始的先进复合材料技术（ACT）计划，对编织复合材料进行了全方位的研究，并取得了一系列的成果，编织复合材料纳入了纺织工业的自动化生产概念。作为一种在工程上很有应用潜力的编织复合材料，三维编织增强体RTM成型的复合材料得到了工程界的重视，在研发工作上也取得了很大的成绩，具有很好的发展前景。

目前国际上开发的立体复合材料预成型体的制造方法主要有立体机织法、立体编织法和缝合法。立体机织法示意图如图2-6所示，立体机织物结构如图2-7所

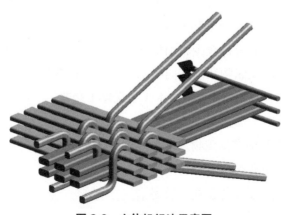

图 2-6　立体机织法示意图

示。采用立体机织法可以制作板材，也可以制作简单、形状规则的立体整体复合材料预制件。立体机织物结构上的缺点是纤维只在经向、纬向和厚度方向分布，而实际应用中，需要多方向承力，比如要求既抗拉伸弯曲又抗扭转的场合需要有45°的纱线，立体机织物则不能满足要求。

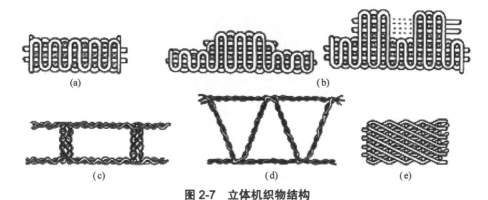

图2-7　立体机织物结构

行列式立体编织法示意图如图2-8所示，立体编织物结构如图2-9所示。采用行列式编织法可以编织结构复杂的立体复合材料预成型体，并且预制件尺寸接近最终产品尺寸。现有立体编织技术的主要问题为：①编织过程中需要人工辅助，机器不能连续运行，生产效率低，生产成本高；②只适合编织较短尺寸构件或横截面较小尺寸构件。

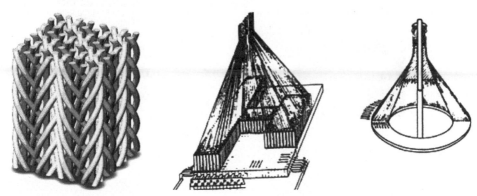

图2-8　行列式立体编织法示意图　　　　图2-9　立体编织物结构

为了提高立体编织的生产速度，近些年美国、法国、德国、日本等相继开发旋转式立体编织机，如图2-10所示，但机器没有自动打紧装置，同样只适合较小直径、薄壁和对织物紧密度要求不高的场合。

缝合法示意图如图2-11所示，既可以制造立体异形整体构件，也可以制造板材，该方法的缺点是缝合过程中容易损伤纤维，缝合会造成复合材料面内刚度与强度约10%的损失。

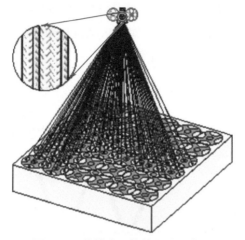

图 2-10   旋转式立体编织法示意图

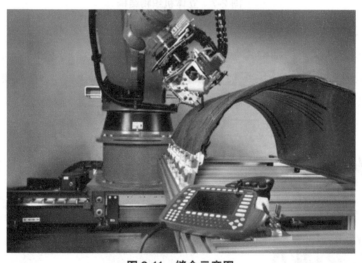

图 2-11   缝合示意图

国内东华大学从1986年、天津工业大学从1988年、南京玻纤院从1990年左右开始研究立体编织复合材料,这三家单位都已为航空、航天部门研制生产了很多立体编织复合材料件,但编织过程中需要人工辅助,只能实现半自动化,不能批量生产。这三家单位也相继研发了立体编织机,但都没有实现工业化生产。现有立体织物制造方法中,立体编织由于需要人工辅助,不适合量产;立体机织面内刚度与强度低于立体编织,且不能织造复杂形状构件,国内也没能量产立体织机;缝合法有损伤纤维的问题,国外的复合材料缝合机价格昂贵,国内还不能制造复合材料缝合机。

参考文献

[1] 肖军，李勇，李建龙. 自动铺放技术在大型飞机复合材料结构件制造中的应用. 航空制造技术，2008（1）：50-53.

[2] 姚俊，孙达，姚振强，张普，张满朝，史瑞航. 复合材料自动铺带技术现状与研究进展. 机械设计与研究，2011，27（4）：60-65.

[3] 匡载平，戴棣，王雪明. 热隔膜成型技术. 复合材料. 创新与可持续发展（上册），2010：613-615.

[4] 吴志恩. 复合材料热隔膜成型. 航空制造技术，2009（25）：113-116.

[5] 张彦飞，刘亚青，杜瑞奎，陈淳. LCM成型工艺中纤维预成型技术研究进展. 玻璃钢/复合材料，2006（6）：42-45.

[6] 焦亚男，李嘉禄，董孚允. 纺织结构复合材料预型件的新进展. 产业用纺织品，2000，18（121）：15-18.

[7] 易洪雷，丁辛. 三维纺织预型件的生产技术. 纤维复合材料，1999（3）：31-33.

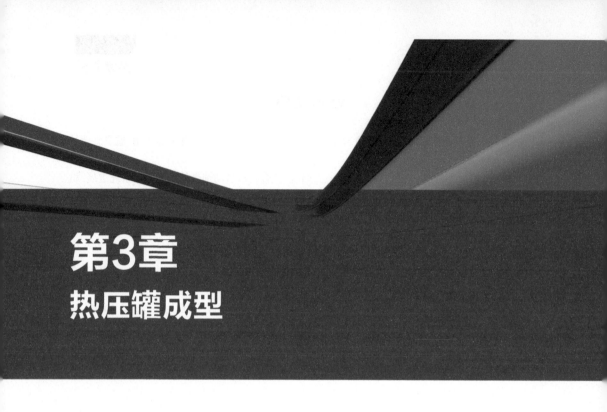

第3章
热压罐成型

3.1 热压罐结构

　　热压罐主要由罐门和罐体、加热系统、风机系统、冷却系统、压力系统、真空系统、控制系统、安全系统以及其他机械辅助设施等部分构成，其系统构成如图3-1所示。在复合材料制品的固化工序中，根据工艺技术要求，完成对制品的真空、加热、加压，达到使制品固化的目的。

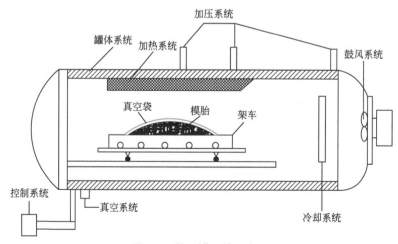

图 3-1　热压罐系统示意图

（1）罐门和罐体　热压罐罐门用于零件进出热压罐体。罐门通常采用液压杆由电脑进行控制开关门操作，且在发生紧急情况，保证人员和设备安全下，可手动开门。罐门装备耐高温密封圈、保温层护板和风道。

热压罐罐体内放置模具与零件，罐体应满足足够的耐温性和保温性以及足够的耐压和密封。热压罐罐体通常为圆柱形，平卧在地基上。罐体内部带有轨道，将零件放置在小车上，小车在轨道上行驶，方便零件出入，轨道需安全可靠，能承受最大装载重量。罐体需满足保温要求和耐气压要求，此外罐体内需布置热电偶接口和真空接口。

（2）加热系统　加热系统主要用于罐内空气或其他加热介质的加热，通过空气或其他加热介质对模具和零件进行加热。热压罐通常采用电加热的加热方式，加热元件管道材质通常为耐高温、耐腐蚀材料，且要求有短路、漏电保护，加热系统加热空气，风机系统循环加热模具和零件。

（3）风机系统　风机系统的作用是使热压罐内的空气或其他加热介质循环流动，便于温度的均匀分布，以及对模具与零件的均匀加热。热压罐通常采用内置式全密封通用电机，放置于热压罐体的尾部，用于热压罐内空气或其他加热介质的循环。风机必须能够有效冷却，且转速可通过计算机控制变频来调节，根据固化过程智能变速，还应该配有电机超温自动保护并报警装置。

（4）冷却系统　冷却系统通常分为两路：一路用于罐内空气的冷却；另一路用于风机等电机的冷却。冷却系统通常配备水冷却塔与水泵，进水口有过滤装置。冷却系统包括主冷和预冷，并可根据热压罐温度状态由计算机控制冷却过程。换热器低点有排水装置，能将换热器内的余水排净。

（5）压力系统　压力系统用于罐内压力的调节。压力系统主要分为空气压缩机、贮气罐、压力控制、补偿系统以及压力排放管路消声装置等部分。压力消声应满足相关工业噪声规范和速率规范。压力由计算机根据工艺需要自动控制和补偿。

（6）真空系统　真空系统主要是对零件进行抽真空。复合材料固化时零件通常由真空袋和密封胶带密封在零件上，在零件固化前需要对真空袋和模具内的零件进行抽真空，防止在零件固化过程中，进入空气。在热压罐内壁布置自动抽真空及真空测量管路，抽测分离，自动切断。每条抽真空管路需配上一条通大气管路和树脂收集器，树脂收集器用来收集冷凝液化的树脂，所有的真空管路都为不锈钢材质，通大气功能可自动控制。每条真空管路都配备有真空软管、快速接头、堵头、模具真空嘴。真空度由计算机根据工艺程序自动控制，在工作时，当其中一根真空管出现漏气时，由计算机控制自动关闭这根真空管，避免影响其他管路的制件质量，其信息用数字和光柱显示。真空泵放置在罐体旁边与真空管路相连。

（7）控制系统　热压罐控制系统分为两部分：一部分是由计算机控制系统控制装置及数据采集，实现热压罐控制过程及互锁保护，具有数据采集、数字显示、存储、打印等功能；另一部分是显示屏控制，应有热压罐的压力、真空、温度等的图像显示和数据显示。主要的控制方式包括自动与手动控制（其中，自动控制采用计算机控制，手动控制采用触摸屏控制，手动控制包括在计算机系统中，应配有计算机控制与手动控制的切换装置）和全自动控制。控制系统要求能够对热压罐的每一个元器件（包括所有的阀、电机、各类传感器以及热电偶）实现有效的监控。可单独对各种参数（温度、压力、真空、时间）进行快速设定和控制。对各种参数进行实时监控并实时记录和显示。在运行过程中，用户可以对参数进行修改，可选定任意热电偶作为控温的热电偶；可针对每一个单独零件的实时工艺参数进行打印，根据预设质量标准形成质量检测报告，并进行存储和打印。

（8）软件　热压罐软件主要具有以下特性。

① 采用客户端/服务器模式，支持多客户端远程监控。

② 能够实现预完整性检测，包括工件匹配检测（工件信息输入满足要求，字段重复和空白检测）、工件附件检测（同工件连接的热电偶数目、真空管数目、真空值是否同数据库预设的相匹配）、真空检测、探测头读值检测及连接检测；检测结果能够记录、存储及形成报告打印。

③ 实现全部控制功能。

④ 实现设备温度、压力和真空的控制。

⑤ 能够为操作人员、管理人员创建账户。

⑥ 为每个账户设定单独的允许/限制权限。

⑦ 能够跟踪每个账户的登录历史记录。

⑧ 可生成存取数据的档案，实现数据和图形的显示及打印。数据记录的内容包括：操作者姓名、日期、罐内装载产品的图号、系列号等信息，以及与固化周期有关的所有信息（如温度、时间、真空、压力、升降温速率、罐温）等。

⑨ 当运行到所设定的保护极限参数时，整个系统针对该项报警应具有自动切断保护功能。

⑩ 计算机软件应有热压罐运行总工况图；温度、压力、真空、水冷、加热运行工况图；温度、压力、真空运行图表。

⑪ 计算机系统配备网络通信接口，用于厂房主控制室的计算机远程读取热压

罐运行工况参数。

（9）安全系统　热压罐的安全系统应该包括以下几个方面。

① 应具有超温、超压、真空泄漏、风机故障、冷却水缺乏的自动报警、显示、控制功能。

② 能够对温度、真空、压力、风机等的报警参数及保护极限参数进行设置，当运行的程序数据指标超出设置的温度或压力时即报警，达到所设定的保护极限参数时，整个系统针对该项报警应具有自动切断保护功能。

③ 罐内未恢复到常压时，罐门不能打开。

④ 热压罐顶部安装安全阀，并在罐体明显位置配备符合测量范围的压力表。

（10）辅助设施　热压罐辅助设施主要包括罐内装料的小车、相应的阀架、真空用金属软管、贮气罐、空压机等。

3.2　热压罐工艺流程

（1）材料准备　预浸料从冷库的低温环境中取出，放置在洁净间里解冻，并保持预浸料处于密封状态。当外包装膜擦干后无冷凝水产生时，才可以打开包装使用。通常建议解冻时间为6～8h。解冻完成后，按照结构展开平面图进行下料。

如图3-2所示，将解冻好的预浸料铺放在自动裁床上，并将设计好的图形输入控制电脑，自动裁床将按照设计好的图形自动裁剪预浸料。

图 3-2　材料准备

（2）模具准备　如图3-3所示，在铺放预浸料之前需要清理模具，用丙酮或甲乙酮等溶剂清洗模具表面。其方法是将溶剂倒到干净的擦布上，不要将擦布浸入溶剂，也不要将溶剂直接倒在工装表面。用浸透溶剂的擦布擦拭工装表面，在溶剂挥发以前随即用清洁、干燥的擦布擦干，不要使溶剂挥发变干。

图 3-3　模具表面清理

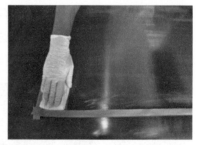

图 3-4　模具表面铺覆

如图3-4所示，模具表面清洁以后，表面需要铺覆无孔隔离膜或脱模布，或者涂刷脱模剂。脱模剂可采用喷涂或者使用吸收了脱模剂的干净擦布涂刷。在涂刷过程中不可将脱模剂直接倒在工装表面上，应将脱模剂倒在干净的擦布上，用浸透脱模剂的擦布擦拭工装表面。涂刷一层后，应采用与上一层垂直的方向涂刷，确保脱模剂能够完全覆盖工装表面。涂刷脱模剂前后两次间隔时间至少15min，便于脱模剂的干燥。

在模具表面上贴脱模布时，拐角处应打剪口（尤其是内拐角处）；脱模布只允许对接，不允许搭接。

（3）铺层　如图3-5所示，将裁减好的预浸料按照零件图纸规定的方向进行铺层，一层压一层铺放。在铺层过程中，要尽量排除铺层间包裹的空气。如果预浸料有双面保护膜，铺完一层后，应保留外面的一层保护膜，并在下一层铺放之前除去上一层的保护膜。在铺层操作过程中，应该要特别注意防止遗留下的保护膜夹杂到零件中。未完成铺贴的零件需要使用无孔隔离膜进行覆盖，并使用真空袋进行密封，防止零件吸潮和粉尘污染。

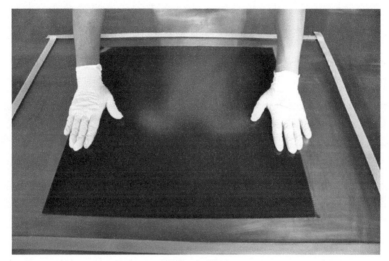

图 3-5　铺层

整个零件的铺贴应在净化间内完成，净化间的温度应该控制在 18 ～ 26℃ 之间，相对湿度为 25% ～ 65%。净化间内应有良好的通风装置、除尘装置和照明设施。人员入口处有污染控制设施。净化间内要求大于 10μm 的灰尘粒子含量不多于 10 个 /L。

对于形状复杂的零件，可以使用刮板压实预浸料，使预浸料与模具表面充分贴合，铺贴过程中注意防止裹入空气和纤维起皱。为了提高预浸料的贴合性，可以使用加热枪或电熨斗进行加热，但加热温度应不超过 65℃，且需不停地移动加热枪或电熨斗，以防止预浸料局部过热。

当需要对某一铺层进行重新铺层时，可用便携式带空气过滤的冷风机、压缩的冷气枪或其他冷气源对铺层进行降温，揭掉需要重新铺层的预浸料后重新铺层。操作过程中应避免预浸料的温度过低，防止预浸料表面出现潮湿迹象，如有潮湿产生，应废弃该层预浸料。

在预浸料铺层过程中应保证纤维方向顺直，且与设计方向一致，注意不能折叠预浸料。

例如在拐角处，为了防止铺层在复杂外形处出现空洞，可以使用额外的填充层进行填充。填充层材料应与零件所用的材料相同，可以使用单向带，也可以使用织物预浸料。

为了尽量排除铺层间包裹的空气，应该对预浸料铺层进行真空压实，并帮助零件成型。在铺贴预浸料时，应该在第一层、铺放夹芯材料之前与之后、夹芯材料上的第一层以及每铺1～3层进行真空压实。真空压实时，在铺层上面铺放无孔隔离膜或有孔隔离膜。可以将两层有孔隔离膜的孔位错开叠在一起使用，以防止透气材料穿过有孔隔离膜。不允许透气材料与预浸料直接接触。在隔离膜上面铺放透气材料，然后，使用真空袋（或临时真空袋）进行密封，抽真空压实铺层。压实过程中真空度不低于-0.06MPa，时间为5～15min（图3-6）。

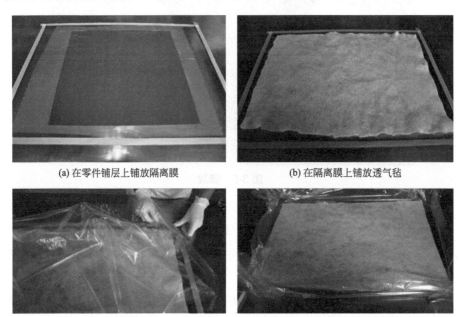

(a) 在零件铺层上铺放隔离膜

(b) 在隔离膜上铺放透气毡

(c) 真空袋密封

(d) 抽真空压实

图3-6 抽真空压实

（4）制真空袋　零件铺贴完毕以后，需要在零件表面铺放辅助材料，并用真空袋密封，辅助材料的组合根据所使用的预浸料不同有两种方式。一种是针对"零吸胶"预浸料，由于预浸料在固化过程中不需要排除多余的树脂，所以不需要铺放吸胶材料，其辅助材料的组合如图3-7所示。

另一种是传统预浸料，在预浸料的制备过程中，纤维浸渍了过量的树脂，需要在固化过程中排除，所以需要增加一层吸胶材料，为了避免零件与吸胶层粘连，且有利于树脂的排出，需要在零件铺层和吸胶材料之间增加一层带孔隔离膜，如图3-8所示。

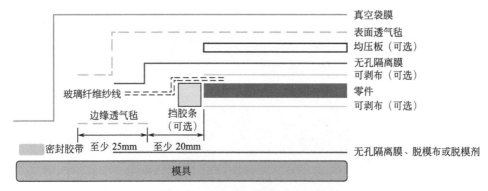

图 3-7 零吸胶预浸料辅助材料组合

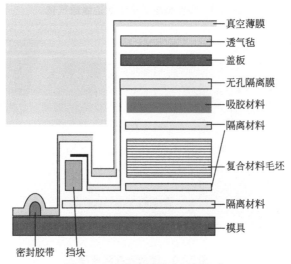

图 3-8 加吸胶层辅助材料组合

如图 3-9 所示，在零件铺层边缘首先铺放边缘透气毡。边缘透气毡的作用是为无孔隔离膜下零件铺层内裹入的气体和预浸料树脂中的挥发成分提供一个排出的通道。边缘透气毡与零件的边缘间距应该保持在 20.00mm 以上，避免透气毡吸胶。如果一次固化多个零件，每个零件的边缘透气毡都应该相互连接或者共用一个真空嘴。为了利于铺层裹入的气体和预浸料树脂的挥发成分更好地排出，在边缘透气毡和铺层之间可放置玻璃纤维纱线，且保证铺层的四个角至少各有一束玻璃纤维纱线。边缘透气毡至少由 2～3 层透气毡叠加而成，其宽度应不小于 25.00mm。

如图 3-10 所示，在零件表面第一层辅助材料铺放无孔隔离膜，用于零件固化以后所有辅助材料与零件的分离，无孔隔离膜应该一直延伸至接近边缘透气毡的中心位置。

图 3-9　零件铺层边缘铺放边缘透气毡

图 3-10　铺放无孔隔离膜

如图3-11所示，在隔离膜上面铺放均压板（工艺盖板），该操作不强制要求。

图 3-11　工艺盖板

如图3-12所示，在无孔隔离膜上面铺放表面透气毡，表面透气毡要延伸至边缘透气毡，将零件铺层和所有辅助材料包覆在内。

图 3-12　表面透气毡铺放

如图3-13所示，最后使用真空袋膜进行封装，采用密封胶条，一面粘贴模具边缘，一面粘贴真空袋膜。密封胶条的包裹范围应该覆盖所有的辅助材料，且注意密封胶条和模具表面以及真空袋之间不要留有气体通道。真空袋薄膜的褶皱通常会传递至零件表面，须避免不必要的真空袋褶皱。若需要利用褶皱以助于真空袋更好地贴合零件外轮廓，应该注意褶皱位置应能尽量减小其对零件表面的影响，且应另加衬垫以防止褶皱传递至零件表面。

图 3-13　真空袋膜封装

如图3-14所示，真空袋封装完毕后，在真空袋膜外面需要安置真空嘴。真空嘴位于热压罐内，用于真空袋膜内抽真空，真空嘴放置在表面透气毡和边缘透气毡相通的位置，不要放置在无孔隔离膜上。安装完毕以后，应对模腔抽真空，如果1h内没有连接真空源对模腔抽真空，可能会导致铺层发生褶皱、空隙或其他缺陷。

(a) 真空嘴垫片上真空袋开口　　　　　　　　　　　(b) 安装真空嘴

图 3-14　安装真空嘴

在辅助材料中均压板和挡胶条可选择使用，不强制要求。当使用挡胶条时，边缘透气毡与零件的距离没有要求。

（5）抽真空与检漏以及进罐前的操作与检查　在零件推进热压罐之前，需要在模具上安装热电偶（图3-15），便于在零件固化过程中，监测模具的温度，以及零件固化过程中，工装每个位置温度的监测。在安装热电偶前应该对热电偶线路进行检查。为了防止固化过程中热电偶发生故障，可在相同位置安放两个热电偶。可根据工艺人员的需要放置热电偶，对于没有测试热分布的工装，可将热电偶放在制件两个对角的余量处。热电偶放置好以后，注意记录每个热电偶和编号以及安放位置。

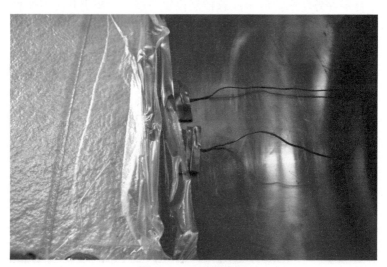

图 3-15　安装热电偶

每个真空袋至少连接一路抽真空和一路真空测量管路（图3-16）。真空测量管路应尽量远离抽真空管路，真空测量管路不允许以任何方式通大气。抽真空管路连接好以后，进行抽真空。抽真空过程要注意速度缓慢，使真空袋与零件完全贴合。

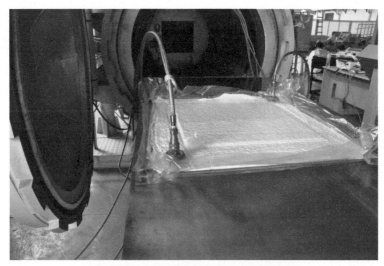

图 3-16 与热压罐真空系统连接抽真空

抽真空后，需要对真空袋进行泄漏检测。在泄漏检查前，视零件大小，抽真空时间应保持在15min以上。泄漏检测时，先关闭真空系统，检查真空表或真空显示，应保证5min内真空表或真空显示数据读数下降不应超过0.017MPa。如果真空检测不合格，需要仔细检查真空袋的漏点，并用密封胶条密封漏气处。如果检查不出漏点，但真空检测仍然不合格，需要重新装置真空袋，避免在零件固化过程中的爆袋导致零件的报废，引起更多的损失和浪费。

（6）固化 零件的固化应该按照相应规范中的固化曲线进行。按固化台阶来分，可分为单平台固化、双平台固化和多平台固化。如图3-17所示为单平台固化的典型曲线。升温和降温速率等于任意10min内单个热电偶测量的温度差除以测量所经过的时间。每个代表零件温度的热电偶的加热和冷却速率都应该在要求的速率范围内。建议的加热速率应≤3℃/min。

通常先将罐内压力升到指定压力，再进行加热。在降温过程中，应保持罐内的压力为固化时的压力不变，直到零件温度低于60℃或更低才可以卸压，降温过程中由于空气温度降低导致的压力下降是正常的，一般热压罐会自动补压，同时保证贮气罐的压力大于固化压力，且贮气罐与热压罐保持连通状态。

关闭热压罐门并推上安全锁以后，需要根据预浸料固化制度设定固化曲线（图3-18），主要包括温度、压力的设定，以及保温时间、压力加压和卸压时机、升温和降温的速率，以及升压和降压的速率，此外还有温度传感器的设定。

固化曲线设定好以后，即可开始运行曲线，在运行曲线之前需要打开主控制界面（图3-19），需要打开风机、水泵，并根据需要打开或关闭真空泵，确定正确开启以后，即可运行曲线，热压罐自动运行到曲线结束。结束以后即可打开罐门，将零件推出，进行下一步的处理。

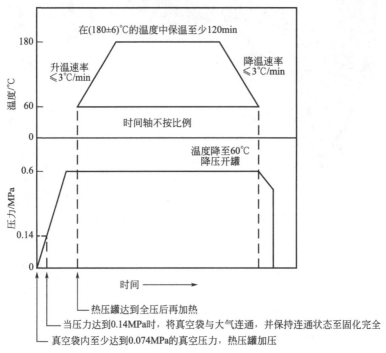

图 3-17 单平台固化的典型曲线

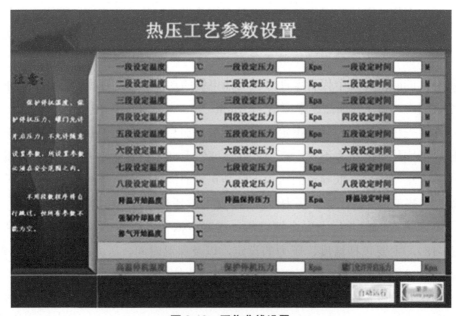

图 3-18 固化曲线设置

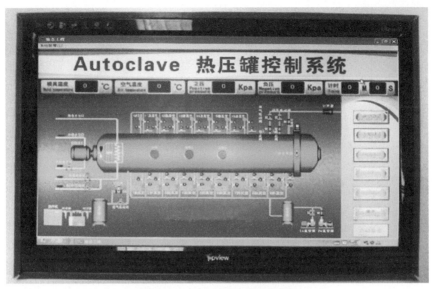

图 3-19　固化过程主控制界面

（7）脱模　零件固化完成以后，需要将零件温度降到60℃以下，才可以将零件从热压罐内取出。注意在零件降温过程中，热压罐内的压力应保持成型压力不变，等零件温度降到60℃以下，才可以卸掉热压罐内的压力，压力卸完才可以打开罐门取出零件。

在零件脱模（图3-20）过程中，可以使用楔形脱模工具辅助脱模，注意工具应采用木质或塑料，禁止使用金属工具，它可能对零件或工装带来损伤。在脱模操作中，要特别小心，不要损伤零件或工装。如图3-21所示为固化后的复合材料平板。

图 3-20　脱模

（8）零件加工　复合材料制件成型后，需要进行机械加工，包括外形尺寸加工、钻孔等，要求具有很高的加工质量。复合材料制件属于脆性各向异性材料，常规的加工方法不能满足复合材料加工质量要求。传统切割方式在加工纤维材料

图 3-21　固化后的复合材料平板

时具有以下缺点：切割速度慢、效率低；复合材料制件属于易变形材料，切割精度难以保证；在切割高韧性材料时，刀具和钻头等磨损快、损耗大；加工复合材料层合板时易发生分层破坏等。因此复合材料生产需配备大型自动化高压水切割机、超声切割设备和数控自动化钻孔系统等专用设备，以满足复合材料制件经加工后无分层磨损且符合装配尺寸精度的要求。超声切割设备将超声振动能量加载在切割刀具上，可有效地分离纤维材料的边界，从而有效解决上述传统切割方法带来的问题。超声切割技术的切割质量优良，具有无毛刺、无刀具磨损、无碳化材料、切割力小、不易造成分层、切割速度快、精度高等特点，已经在国外航空企业内得到广泛的应用。

（9）零件检测　零件加工完成以后，需要对零件进行表面及内部质量检测，确保零件偏差满足接收限的要求。最后，每个完工的零组件，都要按照一定的方法进行标识。复合材料制件无损检测设备主要配置大型超声C扫描设备和X射线无损检测设备。此外，激光剪切摄影及激光超声检测也是主要的发展方向。在超声检验技术方面最重要的进展之一是相控阵检验的开发。相控阵超声检验与传统超声检验相比，改进了探测的概率，并明显加快了检验速度。传统的超声检验要用许多个不同的探头进行综合性的体积分析，而相控阵检验用一个多元探头即可完成同样的检验。这是由于每一个元素探头都可以进行电子扫描和电子聚焦，每一个元素探头的启动都有一个时间上的延迟。其结果是合成的超声束的入射角可加以变化，焦点深度也可以变化，这就是说体积检验的速度比传统法快得多。因为用传统法时，探头必须适时更换，而且必须多路传输才能得出不同的入射角和焦点深度。而相控阵探头可提供更宽的覆盖范围，从而比传统探头有更高的生产效率。

（10）过程控制

① 人员控制　执行工艺的操作人员和检验人员都必须按规定经过培训并考核合格。

② 工艺控制　质量部门应对工艺过程实施必要的工艺控制，确保符合有关工程要求，其中需要注意的有以下几个方面：

a.热压罐成型设备在认证有效期内；

b.洁净间的温度、湿度和清洁度控制满足要求；

c.运送材料从低温到室温贮存，整个过程具有可追溯性；

d.每个预浸料铺层前确保已去除保护材料；

e.确保零件按相应的固化周期固化；

f.确保热电偶放置在按要求标记的位置；

g.确保每个零件都保存有完整的记录。

3.3　热压罐工艺基础研究

复合材料热压罐成型工艺方法是迄今为止在航空复合材料结构制造过程中应用最为广泛的方法之一。它是利用热压罐内部的高温压缩气体产生压力对复合材料坯料进行加热、加压以完成固化成型的方法。

热压罐成型工艺具有产品重复性好、纤维体积含量高、孔隙率低或无孔隙、力学性能可靠等优点。热压罐固化的缺点主要是耗能高以及运行成本高等。而目前大型复合材料构件必须在大型或超大型热压罐内固化，以保证制件的内部质量，因此热压罐的三维尺寸也在不断加大，以适应大尺寸复合材料制件的加工要求。目前，热压罐都采用先进的加热控温系统和计算机控制系统，能够有效地保证在罐内工作区域的温度分布均匀，保证复合材料制件的内部质量和批次稳定性，如准确的树脂含量、低或无孔隙率和无内部其他缺陷，这也是热压罐一直沿用至今的主要原因。

3.3.1　整体共固化成型技术

近年来，随着复合材料在航空航天领域应用范围的不断扩大，增大零部件的尺寸，大量减少紧固件数量甚至是不使用紧固件，以构建整体结构，从而制造出更大型的装配件逐渐成为主流。这种将许多小型零部件集合为大型单组合件的方法，早在20世纪80年代的日本汽车制造业中就曾出现过，经其证实，大型整体构件能够有效减少装配步骤，降低成本和复杂性，并提高产品质量。复合材料构件自身的设计与制造特点也易于实现整体化和大型化。在航空航天领域，复合材料的应用能使许多原来用紧固件组装的部件集成为一个大型单件，并融合原组装部件中所有的设计和强度特点。在制造和装配阶段，更大型连接而成的部件或整体制造的大型零部件减少了劳动力，消除或显著减少了所需紧固件和配合孔的数量，同时还具有减重、取消轴向接头、减少装配误差等益处。另外，零部件数量的减少使供应链的复杂性和装配流程也有所简化。不仅如此，对制造过程的上游也有益处，固定设备和合同工装的投入将显著减少或取消。制造分段结构时，所有零部件都要制造、打磨并置于正确工位，以符合装配公差，从而吻合最终的装配要求。用于修边的数控机床、用于夹持和定位的工具以及用于检测的三坐标测量仪等工艺设备和装置，需提前购买和安装，并由适当人员操作和维修。现代飞行器制造对精度的要求日益提高，这不仅增加了成本，也使这些投资变得更加复杂。精密航空航天零部件生产所需机械设备、工具的成本及其复杂性抑制了工厂的灵活性，而基座、隔离垫等固定装置也限制了工厂的配置更新。这些因素促使主流航空公司越来越关注大型复合材料构件的整体成型。

复合材料的共固化大面积整体成型正是复合材料独有的优点和特点之一，是目前世界上在该技术领域大力提倡和发展的重要技术之一。整体成型技术可将几十万个紧固件减少到甚至几百或几千个，从而也可大幅度地减少结构质量，降低装配成本，进而降低制件总成本。大量减少紧固件的结果必然减轻结构因连接带来的增重，减少因连接带来的种种麻烦，最终获取的效益是降低成本。

目前只有意大利Alenia公司拥有这种整体成型多梁盒段的制造技术，它也是波音787和庞巴迪C系列水平安定面的唯一供应商。20世纪80年代，Alenia公司开发并利用该技术研制出AMX（轻型战斗机）的水平安定面和垂直尾翼，并于1993年申请了美国专利"适用于航空应用的纤维增强结构的制造工艺"。20世纪90年代，Alenia公司将该技术应用于ATR42和ATR72水平安定面生产，到目前为止，已完成1000多片多梁盒段的生产。

从图3-22中可以看到，ATR42多梁盒段的尺寸较小（ATR 42多梁盒段放在B787之上），而B787多梁盒段长11m多，重约450kg。2002年Alenia公司开始研究是否能将该技术应用到787构型上，在完成了中型尺寸和夹层结构梁整体成型多梁盒段的研制等大量试验后，于2004年确认该技术可以应用于B787；在研制大尺寸的多梁结构的过程中，Alenia公司进一步攻克了自动铺带、热隔膜预成型、机械加工等关键技术问题，于2007年完成预生产验证（PPV），进入批量生产阶段，其研制过程如图3-23所示。

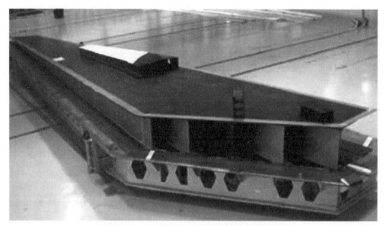

图 3-22　B787 和 ATR42 的多梁盒段

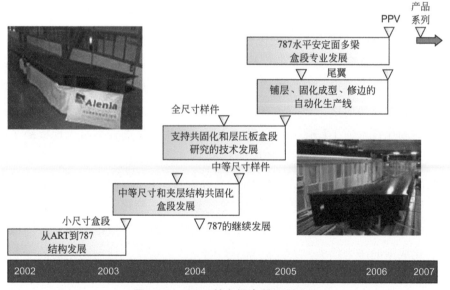

图 3-23　B787 的多梁盒段研制进程

在B787多梁盒段研制成功的基础上，Alenia公司于2009年承接了庞巴迪C系列的水平尾翼的研制工作，其多梁盒段的结构尺寸与C919相当，所选材料也相同，为Cytec的977-2/T800级碳纤维预浸料。根据Alenia公司工程师的介绍，他们需要两年多的时间，分四个阶段才能完成庞巴迪C系列多梁盒段的开发。第一阶段他们要用含两个梁的小盒段确认977-2树脂是否适合这种成型工艺；第二阶段是分别从多梁盒段的大端头和小端头截取约1m长的盒段，验证工艺可实施性；第三阶段是用所选用的材料在ATR的成型模具上进行试制；最后阶段完成1∶1的制件的研制，所有过程中，均要进行无损检测和解剖试验，确定缺陷的形式和解决办法。

2010年Alenia公司表示，如果中国商用飞机有限责任公司委托Alenia公司开发C919飞机的多梁盒段，可以省去第一阶段小盒段的工艺试验，他们已证明该材料适合这种工艺，但还需要一年半的时间才能完成其他三个阶段的工作，其整个水平尾翼报价是3亿欧元。

尽管多梁盒段整体成型技术已成功应用于小飞机ATR42和ATR72，但应用于大飞机，还存在一些问题，2010年8月，波音公司报道由于Alenia公司生产的水平安定面存在一些质量问题，波音公司对已生产的水平安定面进行了全面的检测，正在评估这些问题对飞行安全的影响，因此导致B787的首架交付推迟到2011年。

国内目前水平安定面的盒段一般采用密肋结构形式，相对复杂的结构是上下壁板含有π形筋条，然后将梁腹板插入上下壁板，胶接固化。国内在多梁盒段结构整体共固化方面，有一定研究基础，如某机机翼就采用壁板和梁整体成型工艺，小型含梁盒段的制造一般也采用RTM工艺，如某机垂尾盒段和橡胶气囊成型（如直九平尾）。但将上下壁板与多根梁整体共固化成为一个盒段结构的研究国内还是空白。作为多梁盒段这种全新的结构形式，对结构设计和制造工艺均是极大的挑战，存在多项技术难点，有待攻克。与国内传统的多梁盒段成型工艺相比，本项目采用的真空袋热压罐工艺，一方面简化了工装结构，易于实现复合材料多梁盒段整体共固化技术的工程化应用；另一方面，采用该工艺成型极大地提高了制件质量，完全满足航空航天领域结构件的要求。

林业明、王兆明等人对多梁结构的飞机垂直安定面共固化工艺进行了探讨，提出了整体橡胶芯模分块组合的成型方法。这种方法简化了橡胶芯模硫化工艺装备，较好地解决了橡胶芯模与制件内形的协调性问题，有效地解决了整体橡胶芯模共固化成型的压力损失，大大提高了共固化产品质量。徐向阳申请的专利"一种复合材料闭模袋压一次成型工艺"（专利号：CN 101327654A）是一种空腔结构复合材料闭模袋压整体共固化成型工艺，该工艺通过在下模糊制时，预留超出接口处部分与上模复合材料递减部分，在气囊作用下搭结压合形成一个密实统一整体，并可在气囊外增加复合材料，以达到更高的强度。同时在空腔制备时可采用多气囊外铺复合材料制成加筋空腔制品，达到更高的强度，本工艺具有设备简单、省时省力、无废料、无环境污染等优点，制作产品强度高，空腔加筋一次成型，可以广泛应用于制作塔罐、风电叶片、直升机桨叶、飞机尾翼等结构。但是，采用橡胶气囊加压，本身工装结构复杂，且封闭腔体传热困难，温度均匀性得不到保证，成型的制件质量无法满足民用航空的要求。汪心文等申请的专利"一种复合材料部件框、梁和蒙皮整体共固化成型方法"（专利号：CN 102114706A）是一种复合材料框、梁和蒙皮整体共固化成型方法。本方法采用先进的耐温耐压泡沫作为长桁的内部填充，使长桁和蒙皮实现一次铺贴完成；采用经特殊削尖处理的框的定位和固化工装，解决框梁接合面处的加压问题，实现框和蒙皮长桁组件共固化成型；采用橡胶衬膜技术保证了内部复杂结构压力的均匀性和内表面质量。本复合材料部件框、长桁和蒙皮整体共固化成型方法，解决了传统二次胶接成型中框、梁、蒙皮之间接合面处的胶接界面效应，提高了产品质量，可满足结构大载荷的强度要求。

3.3.2 固化变形

复合材料固化过程本质上是一个在低热导率、各向异性材料间进行的具有非线性内热源的化学反应过程。固化过程介绍如下：预浸料中的树脂基体在室温条件下通常是黏性的，由线型聚合物链接而成。第一阶段：随着固化温度的升高，树脂开始发生交联反应，同时基体的固化度和玻璃化温度也逐渐升高。第二阶段：达到凝胶温度以后，树脂基体从最初的液态变成一种橡胶态的固体材料。第三阶段：当温度升到树脂基体的玻璃化温度时，基体材料从橡胶态转变为玻璃态，这个转变过程也意味着材料特性的急剧转变，使得复合材料制件达到设计要求的性能。

热固性树脂基复合材料在热压罐成型过程中，经历高温固化成型及冷却过程，由于材料的热胀冷缩、基体树脂的化学反应收缩以及复合材料的成型模具与复合材料在热膨胀系数上的显著差异等，使其在室温下的自由形状与预期的理想形状之间会产生一定程度的不一致，通常将这种不一致状态称为构件的固化变形。固化变形大致分为两类：回弹和翘曲。回弹是指结构在拐角处变形所导致的夹角变化，主要是由复合材料本身的各向异性引起的；翘曲是指结构在平直部分的弯曲或扭转变形，主要是由于结构内应力分布不均匀引起的。

影响固化变形的因素众多，大致可分为内因和外因两类。内因包括材料特性、纤维体积分数、铺层取向及结构形式、厚度等；外因包括模具对复合材料制件的影响、热压罐热源位置、工装摆放等。这些影响变形的因素在构件内因应力梯度和温度梯度耦合作用导致固化时的内应力积聚，一部分应力在工件中以残余应力的形式长久存在；另一部分应力在产品脱模时释放，这两部分应力存在的形式共同导致工件变形。

传统控制固化变形的方法是在反复试验的基础上，对模具的型面进行反复调整或补偿性修正，以控制制件的变形程度或抵消制件变形的影响。这种方法虽然以消耗大量的人力和物力为基础，但却可以较好地完成对于回弹变形的控制。近年来国际上兴起了一种新的观念，力图建立一套完整的变形分析和预测方法代替反复试验，以节省试验周期及资金，通过有限元软件对固化过程进行数值仿真预测固化变形，进一步通过结构优化设计控制固化变形，反复计算-优化，最终使构件满足设计要求。

目前模具型面反复试错的方法已十分成熟。从文献上了解到，针对平板类复合材料层合板，提出并验证了模具几何补偿模型；波音公司和空客公司在采用试验的方法积累数据以获得回弹角补偿的同时，也开展模拟预测的研究；模具制造厂商如美国Coast公司、GFG公司在设计复合材料结构成型模具过程中，设计初期采用经验方法在模具型面上加入经验修正值，在得到制件的固化变形后，再次修正型面角度，以得到满足精度要求的复合材料制件。

目前通过有限元仿真对固化变形进行预测的方法主要处于学术研究范畴。现有的研究大多集中于各影响因素对复合材料构件回弹变形的分析，如运用黏弹性方法研究了不同温度边界条件对结构件翘曲变形的影响；运用复合材料力学和层合板理论研究了温度梯度和固化度等因素对结构件的残余应力和最终的翘曲变形的影响；通过测量L形构件内纤维体积含量分布梯度，采用经典层合板理论预测L形件固化变形；引入剪切层模拟模具对复合材料固化变形的影响，通过改变剪切层的厚度和热膨胀系数使模拟结果接近试验值等的理论研究。其研究对象主要集中在小尺寸、简单的结构上，而对具有复杂几何面形状的复合材料构件的变形预测技术和变形控制方法的研究相对较少。

在工程应用上，复合材料构件的变形补偿主要还是集中在传统的工艺优化和模具的反复试错修正方法上，直接从复合材料构件成型模具型面几何设计的角度进行精确补偿的研究在国内外尚无成熟方案。因此，目前国内主要采用试模的方法进行回弹补偿的确定，同时也开展模拟预测方法的研究，以便节省试验周期及经费。

3.4　热压罐工艺的应用与发展

自20世纪60年代以来，国内热压罐成型技术得到很大的发展。主要体现为：建立了热熔法预浸料制备技术、预浸料铺贴和裁剪技术与数字化高度融合、高韧性复合材料技术和复合材料结构整体化技术得到快速发展及广泛应用。

早期国内复合材料预浸料采用溶液法制造，由于制造过程大量使用有机溶剂和非连续生产，导致预浸料质量一致性差、生产效率低和污染大等问题。从20世纪90年代初开始发展了预浸料热熔制备技术，建立了热熔法预浸料设备的设计制造技术和预浸料热熔制备技术，实现了热熔预浸料的连续批量制造，热熔预浸料生产效率高，制备过程污染小，预浸料质量一致性好。

热压罐成型技术从最初铺贴、裁剪主要依靠手工发展到预浸料自动下料、激光辅助定位铺层等数字化技术，提升了热压罐成型技术水平，明显提高了预浸料铺贴、裁剪的精度，进而提高了复合材料的制造效率和构件质量。热压罐成型技术的进一步发展将是和自动铺放技术相结合，满足大型复合材料构件的高效优质制造的需求。

早期树脂基复合材料往往是首先成型简单形状的零件，然后通过机械连接构成复合材料部件，大量连接严重影响复合材料应用的减重效果。树脂基复合材料整体成型技术是采用热压罐共固化共胶接技术，直接实现带梁、肋和墙的复杂结构一次性制造。整体制造技术可大量减少零件、紧固件数目，从而提高复合材料结构的应用效率。其主要优点是减少零件数目，提高减重效率，降低制造成本，减少连接件数目，降低装配成本，减少分段和对接，构件表面无间隙、无台阶，有利于降低雷达散射截面（RCS）值，提高隐身性能。

热压罐成型技术目前已经发展成为国内先进树脂基复合材料最成熟的成型技术之一。航空装备的复合材料机翼、机身等大量承力构件主要采用热压罐成型技术制造。如图3-24所示为全球最大的热压罐用于波音787复合材料机身段固化。

图 3-24　全球最大的热压罐用于波音 787 复合材料机身段固化

参考文献

[1] 梁宪珠，孙占红，张铖，刘天舒. 航空预浸料-热压罐工艺复合材料技术应用概况. 航空制造技术，2011（20）：26-30.

[2] 邢丽英，蒋诗才，周正刚. 先进树脂基复合材料制造技术进展. 复合材料学报，2013，30（2）：1-9.

[3] 郝建伟，陈亚莉. 先进复合材料主要制造工艺和专用设备. 航空制造技术，2008（10）：40-45.

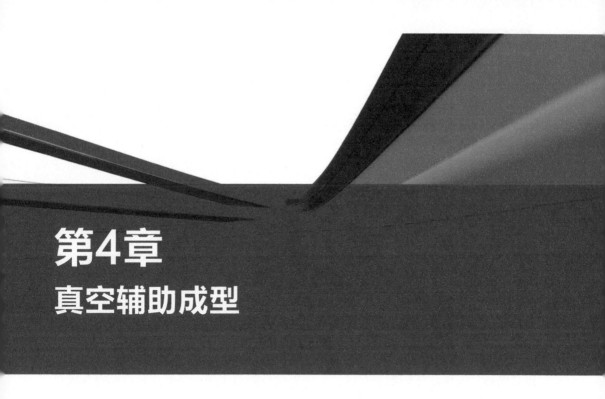

第4章
真空辅助成型

4.1 概述

　　真空辅助成型工艺（Vacuum Assisted Resin Infusion, VARI），即真空灌注工艺（VIP）或真空辅助树脂转移模塑（VARTM），是一种新型、低成本制作复合材料大型制件的成型技术，它是在真空状态下排除纤维增强体中的气体，利用树脂的流动、渗透，实现对纤维及其织物的浸渍，并在一定的温度条件下固化，形成一定树脂/纤维比例的工艺方法。

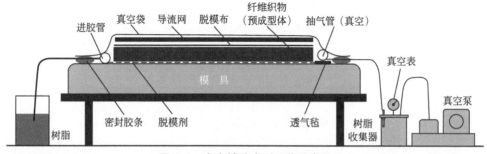

图 4-1　真空辅助成型工艺示意图

　　如图4-1所示，树脂管连接树脂桶和模具，真空管连接模具和真空泵。真空泵使得真空压力作用在铺放于模具中的干态纤维织物上，进而树脂灌入树脂管中，进入到增强纤维之间比较疏散的空间。树脂管路和真空管路的放置，以及增强材料的渗透率和树脂黏度将决定纤维织物被浸润的快慢。在纤维织物上铺设导流网能够有效地促进树脂流动，导流网通常由无规方向的塑料或增强材料组成，在纤维织物上提供额外的空间以便让树脂能更快地进入和更好地浸润织物。

4.1.1 真空辅助工艺特点

VARI 成型技术作为一种高性能、低成本的非热压罐成型技术在航空航天领域受到越来越广泛的重视，并被 CAI 计划作为一项关键低成本制造技术。VARI 成型技术是在真空压力下，利用树脂的流动、渗透实现对纤维及其织物浸渍，并在真空压力下固化的成型方法。与传统的工艺相比，VARI 成型技术不需要热压罐，仅需要一个单面的刚性模具（其上模为柔性的真空袋薄膜），用来铺放纤维增强体，模具只为保证结构型面要求，简化了模具制造工序，节省了费用，而且仅在真空压力下成型，无需额外压力，有助于降低成本。因此，其主要特点是成本低、产品孔隙率低、性能与热压罐工艺接近、适合制造大型制件等。VARI 方法针对 RTM 方法的局限性，通过适当的工艺措施，仅在真空条件下完成树脂向包覆在真空袋内的增强纤维预成型体的转移，并在真空条件下完成结构的固化过程。该法摆脱了对热压罐设施的依赖，对大型结构而言，是一种明显具备低成本潜力的制造方法。但与其他的树脂转移方法相同，此法对树脂的流动性有较高的要求。同时，在实现高性能材料方面，低压成型工艺过程中遇到的困难会大于高压下的成型，因此，对材料力学性能的期望不能简单攀比预浸料工艺方法。对结构的设计理念要求相应的更新。VARI 方法的工程化发展亟需材料、工艺和设计人员的协同配合。VARI 工艺主要有以下几个方面的特点：

① 衍生自 RTM 工艺，基本特点与 RTM 相同；

② 与 RTM 不同，树脂流动由真空压力驱动；

③ 单面模具，另一面为真空袋，制品只有一面光滑；

④ 模具通常需要加热，满足树脂固化条件；

⑤ 机械化、自动化程度低，生产周期较长；

⑥ 生产成本低。

尽管 VARI 具有很多优点，但作为一种液体成型技术，在复合材料成型过程中，依然有许多难点需要解决，如对树脂流动的控制、干斑的防治以及树脂/纤维比例的一致等，需要从微观和宏观的机理上深入研究。

4.1.2　主要缺陷

VARI工艺成型复合材料结构容易出现以下缺陷：

① 纤维织物局部渗透率变化以及流道效应等，导致制品容易出现干斑、干区等缺陷；

② 真空袋漏气、树脂脱泡不干净、小分子挥发等原因导致制品夹杂气泡；

③ 树脂流动过程中产生压力梯度，导致制品厚度或纤维体积含量不均匀；

④ 成型固化压力低，不超过1atm（1atm＝101325Pa）等，导致制品纤维体积含量低。

4.1.3　技术要求

为了尽量避免以上缺陷的产生，在VARI工艺实施过程中，应注意以下问题：

① 采用黏度低、力学性能好的树脂；

② 树脂黏度应在0.1 ～ 0.3Pa·s范围内，便于流动和渗透；

③ 足够长时间内树脂黏度不超过0.3Pa·s；

④ 树脂对纤维浸润角小于8°；

⑤ 足够的真空度，真空度不低于-97kPa；

⑥ 选择合适的导流介质，利于树脂流动和渗透；

⑦ 保证良好的密封，防止空气进入体系而产生气泡；

⑧ 合理的流道设计，避免缺陷的产生。

4.2　真空辅助工艺中几种特殊辅助材料

在真空辅助成型工艺中需要用到几种独特材料：真空管、螺旋管、导流网。

真空管（图4-2），也叫树脂管。用于模具和树脂罐，以及模具与真空泵等部分的真空连接。可以根据不同的固化温度要求，选择不同材质的树脂管。

螺旋管（图4-3），也叫缠绕管，用于树脂在模具内的导流。由于缠绕管内空心，树脂极易在管内流动，并从螺旋形缝隙内分散到模具内，可在树脂灌注过程中迅速呈线形流动，极大地提高了树脂灌注的效率。

导流网（图4-4）是应用于复合材料真空辅助成型工艺中的高渗透性导流介质。常见的有挤出型和针织型。挤出型导流网是一种五线立体网状结构，有利于树脂的流动和渗透，实现对树脂流动状态的有效控制，从而提高复杂制品成型工艺的可靠性和产品质量。导流网可随意剪裁，适合不同形状的制品，消耗低、经济性好，从而大大降低了复合成本。

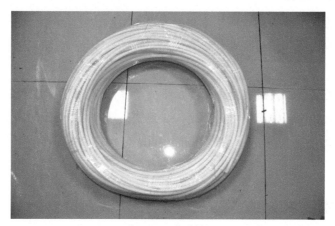

图 4-2　真空管

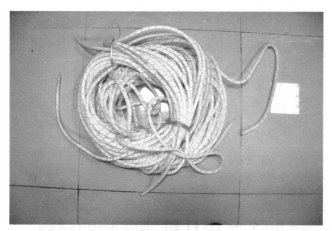

图 4-3　螺旋管

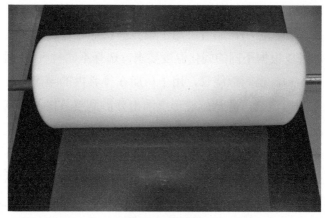

图 4-4　导流网

4.3 真空辅助成型工艺流程

复合材料真空辅助成型的主要工艺流程如图4-5所示。

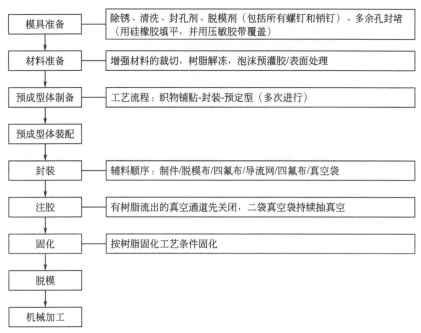

模具准备	除锈、清洗、封孔剂、脱模剂（包括所有螺钉和销钉）、多余孔封堵（用硅橡胶填平，并用压敏胶带覆盖）
材料准备	增强材料的裁切，树脂解冻，泡沫预灌胶/表面处理
预成型体制备	工艺流程：织物铺贴-封装-预定型（多次进行）
预成型体装配	
封装	辅料顺序：制件/脱模布/四氟布/导流网/四氟布/真空袋
注胶	有树脂流出的真空通道先关闭，二袋真空袋持续抽真空
固化	按树脂固化工艺条件固化
脱模	
机械加工	

图4-5 复合材料真空辅助成型的主要工艺流程

（1）模具准备 清理模具表面残留（图4-6），用溶剂清洗模具表面（图4-7）。其方法与2.2节中模具准备一致。

图4-6 清理模具表面残留

VARI工艺通常采用单面模具，模具应该具有坚固性和很好的密封性，而且无缺陷、气孔或其他使模具不能保持真空的地方。

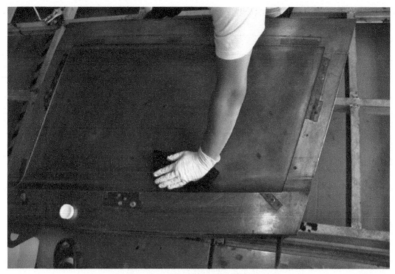

图4-7 用溶剂清洗模具表面

模具清洁以后，在模具边缘粘贴密封胶带（图4-8），用于模具和真空袋的密封。密封胶带的粘贴一般在模具表面涂抹脱模剂之前，这主要是因为模具表面涂抹脱模剂以后密封胶带与模具表面的黏性变差，从而导致真空的泄漏。密封胶带的粘贴完毕之后，在模具表面涂抹脱模剂（图4-9）。其方法与2.2节中的模具准备一致。

图4-8 在模具边缘粘贴密封胶带

图4-9　在模具表面涂抹脱模剂

（2）材料准备　将纤维织物卷直接铺在自动裁床工作台面（图4-10）上，在控制电脑内导入裁剪图形，自动裁床将按照设计好的形状自动裁剪纤维织物。需要注意的是，由于纤维织物比较松散，通常采用圆刀裁剪。当然，也可以制作相应的模板进行手工裁剪。

图4-10　利用自动裁床裁剪碳纤维织物

纤维织物与预浸料不同，预浸料由于纤维已浸润树脂，纤维不易变形，而干态的纤维织物比较松散，容易变形，所以在铺放的时候要轻拿轻放，或采用托板将织物整体托起后放入模具。在铺放的过程（图4-11）中，可以适当地使用喷胶或专用的胶带临时固定纤维织物。有些纤维织物带有定型剂，可在第一层铺层和最后铺层后整体按照定型剂的工艺要求进行预定型，或者按照相应的要求每隔一定的铺层数进行一次预定型。预定型以后，每个纤维铺层之间可保持一定的粘接及形状。

在VARI工艺中，夹芯材料选择是有限的，通常不能采用开孔芯材（如蜂窝），然而，一些泡沫芯材是为VARI工艺特制的（图4-12）。这种芯材通过其中小的树脂通道，或者通过粗纱平纹布或固定的其他流动介质，可以促进树脂在层合板和芯材表面的流动。

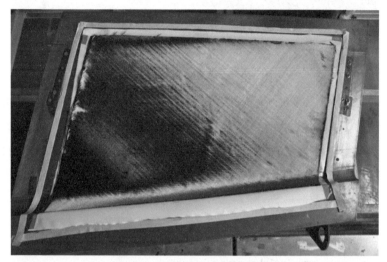

图 4-11　在模具上铺放纤维织物

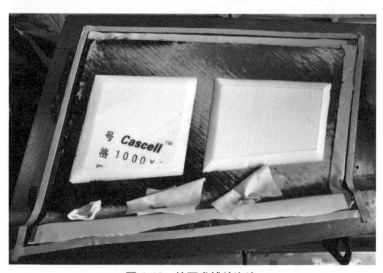

图 4-12　按要求铺放泡沫

完成所有的纤维铺层（图4-13）以后，在铺层表面首先铺放一层脱模布（图4-14）用于制件和辅助材料的分离。脱模布上铺放导流网，用于树脂的迅速分布和渗透。

图 4-13　完成所有的纤维铺层

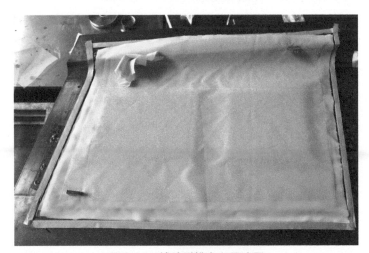

图 4-14　铺放脱模布和导流网

真空管和树脂管应该放在模具中那些能够最有效和彻底吸引树脂到铺层中的地方（图4-15）。这些管路的铺放很大程度上由复合材料制件的几何结构决定，但真空管一般铺放在制件的边缘外，对于小的或方形的制件，树脂管可简单地放在增强体材料的一边，真空管放在另一边。更大的层合板或那些复杂形状的层合板采用缠绕管和导流网联合使用，缠绕管可放在制件的中间来缩短真空管和树脂管之间的距离。

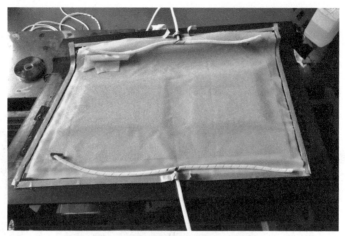

图4-15 布置树脂管路和真空管路

树脂管和真空管铺放正确之后，用普通的密封胶和真空袋将整个体系封装（图4-16），与真空袋工艺相似，有需要的话要打褶，完全密封很重要，所以要把密封胶压实，以防止真空袋边缘漏气。

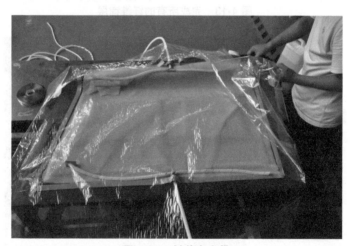

图4-16 封装真空袋

如图4-17所示，连接真空源，抽真空。在VARI工艺中需要用到一个特殊设备，即树脂收集器。树脂收集器为一个密封容器，至少有两个以上的真空接口，一个用于和模具的真空连接，一个用于和真空泵连接。

树脂收集器（图4-18）上安装真空表，用于检查模具的真空度。树脂收集器的作用主要是收集多余的树脂，由于在灌注过程中树脂通常是过量的，树脂收集器的作用就是为了排除并保存这些多余的树脂，并防止树脂吸入到真空泵内，导致真空泵的毁坏。小的制件可采用相对较小的树脂收集器，但是大的制件则需要大型的或者平行的多重树脂收集器。树脂收集器通常配有快速接头，便于真空泵和树脂收集器之间的连接。树脂收集器在使用前，需要过蜡或涂抹脱模剂，这样可以轻松地去除残留在里面的树脂。

图 4-17　抽真空

　　封装好模具以后，需要检查真空袋和模具内的密封性。检查的方法是，待模具抽真空一段时间并稳定以后，拔掉树脂收集器和真空泵连接的快速接头。观察树脂收集器上真空表的真空度。在一定时间内，真空度保持不变，确保密封效果很好的时候，可以进行下一步操作。

　　根据需要封装第二层真空袋（图4-19）。第二层真空袋的作用：一是防止第一层真空的泄漏；二是可以在第一层为了防止树脂被过量的抽出需要关闭真空时，第二层真空袋可以持续抽真空至制件完全固化并冷却。需要注意的是，在第一层真空袋和第二层真空袋之间需要铺放透气毡，以便于两层真空袋间的空气排出。

图 4-18　树脂收集器

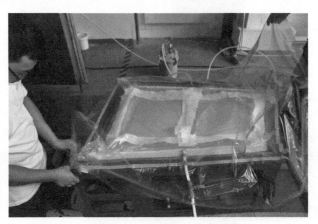

图 4-19　封装第二层真空袋

与第一层真空袋一样，需要对第二层真空袋进行密封性检查（图4-20），检查方法与第一层一致。

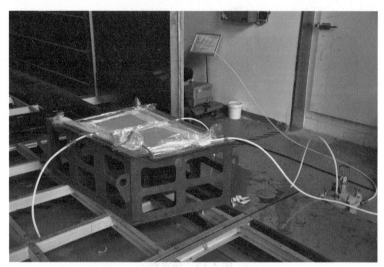

图4-20　对第二层真空袋进行密封性检查

图4-21　树脂脱泡处理

模具密封性检查好以后可准备灌入树脂。树脂在灌入之前需要进行脱泡处理，防止树脂裹入的空气被带入其中并残留在纤维织物内部，引起缺陷。有些树脂需要加热到一定温度后，充分降低其黏度以后进行脱泡（图4-21），即在真空烘箱内加热到一定温度后进行抽真空，使裹在树脂内的空气充分排出。在脱泡过程中一定要注意树脂的工艺时间，防止树脂在脱泡过程中交联或固化，并需要为树脂的灌注留有足够的工艺时间，这需要事先对树脂的流变特性、树脂黏度随温度变化特性以及在特定温度下树脂随时间变化特性进行充分的试验。

如图4-22所示，将模具推入烘箱。待模具和树脂温度达到灌注温度要求时，将树脂管路与装有树脂的容器进行连接，准备将树脂注入模具。

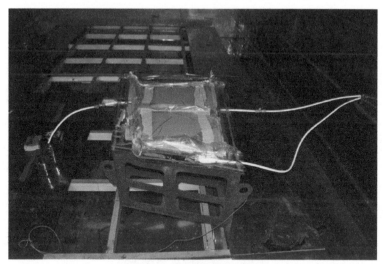

图 4-22　将模具推入烘箱

制件内空气排空以及所有漏缝关闭后，混合树脂，打开树脂流动管，树脂能快速流动（如果操作正确的话），所以一旦制件完全灌注后就要关闭树脂流动管，树脂流动停止（图4-23）。层合板在真空下固化，保持层合板上的压力，有利于在固化时纤维压实合并。

固化完成后，制件脱模，进行切边及必要的修饰（图4-24），制得制件，投入使用。

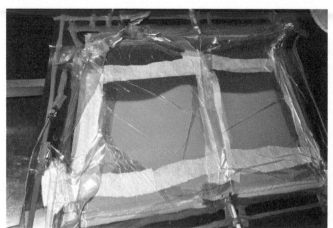

图 4-23　树脂在模具内流动

图 4-24　制件成品

4.4 真空辅助成型工艺基础研究

4.4.1 增强材料预成型体渗透率与测试方法

渗透率是综合反映增强材料预成型体渗透特性的参数，可以表征流体流经多孔介质的难易程度。作为重要的材料参数，增强材料预成型体的渗透率对真空辅助工艺树脂的充模时间和流动特性具有十分重要的影响，是合理设置树脂和真空通道、注胶口和抽气口位置、工艺检测和控制的关键参数。树脂在增强材料预成型体中的宏观流动行为基本上可以用Darcy定律来描述，但微观流动行为却十分复杂，反映在增强材料预成型体的渗透率上，就是渗透率测试值受其物理性能（如孔隙大小、粗糙度、扭曲和流道长度）的影响，而这些因素又受到压力、纤维体积含量、纤维结构、构件厚度和铺层顺序的影响。

目前常用渗透率测定方法主要有：一维面内渗透率测试方法（单向法）；二维面内渗透率测试方法（径向法）；三维渗透率测试方法。

单向法测定渗透率采用矩形模腔，测试流体从模具的一端注入，通过测量流体在纤维体内的一维流动的压力差和流体的流速，代入Darcy定律，得到x或y方向的渗透率。这种方法的数据收集和处理比较简单，通常适用于各向同性材料和横向正交各向异性材料，但对后者需要分别测量两个主渗透方向，而且事先要确定主渗透方向，其测试装置如图4-25所示。在测试前通过与抽气口连接的真空表检验模腔内的真空度和气密性，待确定真空袋膜密封良好的情况下开始注入流体，记录树脂流动前峰的位置与时间的关系。在注入流体前通过厚度仪可测出注入流体前的织物厚度，从而计算出织物的空隙率。

图4-25　单向法测试渗透率测试装置

抽气口

注胶口

密封胶带

在VARI工艺中，树脂在模腔内的流动可以看成是牛顿体在多孔介质中的流动，并用Darcy定律来进行描述：

$$v = -\frac{K}{\mu}\nabla P \tag{4-1}$$

式中，v 为流体表观流动速度矢量；μ 为树脂黏度；∇P 为压力梯度；K 为渗透率。

渗透率 K 是描述织物或增强体对流体流动阻力的物理参数，反映了树脂在纤维层中流动的难易程度，为多孔介质的一种固有材料属性。

单向流动渗透率简称为单向渗透率，是指在树脂单向流动（即 y 和 z 方向的树脂流动速率较小，可以忽略）的情况下测定的预成型体渗透率。由 Darcy 定律可推出树脂单向流动方程。

$$u = -\frac{K}{\mu}\nabla P = -\frac{K}{\mu}\times\frac{\mathrm{d}P}{\mathrm{d}l} \tag{4-2}$$

$$\frac{\mathrm{d}l}{\mathrm{d}t} = -\frac{K\Delta P}{\mu l\varphi} \tag{4-3}$$

式（4-2）和式（4-3）中，$\mathrm{d}l/\mathrm{d}t$ 为压力梯度；P 为注射压力；l 为 t 时刻树脂流动前锋位置；ΔP 为注射口和流动前锋的压力差；φ 为预成型体空隙率。

在恒压且初始条件为 $t=0$、$x=0$ 情况下对式（4-3）积分可得：

$$\left.\begin{array}{l} x^2 = \dfrac{2K\Delta P}{\mu\varphi}t \\[2mm] \Delta P = P_{\mathrm{in}} - P_{\mathrm{out}} - P_{\mathrm{c}} \end{array}\right\} \tag{4-4}$$

式中，P_{in} 为注射口压力；P_{out} 为排气口压力；P_{c} 为毛细管压力。

纤维织物的空隙率是与渗透率关系密切的参数，增强材料的空隙率是增强材料体积分数的函数。

$$\varphi = 1 - \frac{V_{\mathrm{f}}}{V_{\mathrm{m}}} \tag{4-5}$$

式中，V_{f} 是纤维的体积；V_{m} 是模腔的体积。

采用 NCF 为增强体，纤维的质量为：

$$M_{\mathrm{f}} = V_{\mathrm{f}}\rho_{\mathrm{f}} = n\rho_{\mathrm{s}}S \tag{4-6}$$

式中，M_{f} 为纤维的质量；ρ_{f} 为纤维的密度；n 为 NCF 的铺设层数；ρ_{s} 为 NCF 的面密度；S 为模腔的平面面积。

根据式（4-6），纤维的体积可写成：

$$V_{\mathrm{f}} = \frac{n\rho_{\mathrm{s}}S}{\rho_{\mathrm{f}}} \tag{4-7}$$

模腔的体积为：

$$V_{\mathrm{m}} = Sh \tag{4-8}$$

式中，h 为通过记录每隔一定时间树脂流动浸渍过程中流动前锋位置，并对

x^2-t 或 $t-x^2$ 作图，通过线性拟合由直线斜率可计算出渗透率，具体如下。

$$\varphi=1-\frac{n\rho_s}{\rho_t h} \tag{4-9}$$

$$K=\frac{k\mu\varphi}{2\Delta P} \tag{4-10}$$

式中，K 为渗透率；k 为直线斜率。

相关增强材料预成型体渗透率影响规律以及树脂流动状态的研究结果如下。

① 真空辅助工艺中，导流介质的加入使得树脂同时在两种渗透率差别很大的多孔介质中流动，使其比传统RTM工艺中的树脂流动行为更为复杂；真空辅助工艺中树脂在增强材料预成型体中的流动过程遵守Darcy定律。

② 真空辅助工艺中，树脂充模流动速度受导流介质的渗透率和增强材料预成型体的渗透率的影响，导流介质能够显著地提高树脂的充模流动速度，减少充模时间，以弥补增强材料预成型体渗透率不高的不足；导流介质铺在增强体表面或夹在增强体中间都能显著提高树脂的充模流动速度，缩短树脂的充模时间；树脂的充模时间随着导流介质使用比例的增加而成线性减少。

③ 在导流介质辅助渗流的真空辅助工艺中，增强材料预成型体上、下表面树脂流动前锋的差距随着增强材料预成型体厚度的增加而成线性增加。

④ 真空辅助工艺中，脱模布的使用能够略微提高树脂的充模流动速度，减少充模时间。

⑤ 树脂的流动模式和流动速度随着注射方式的改变而改变；相同条件下，边缘线注射的充模时间通常最长，其次是中心线注射，外围注射时间最短，且三种注射方式下，树脂流动前锋曲线明显不同。

⑥ 真空辅助工艺中，抽气方式对树脂的流动模式和充模时间有一定的影响；中心注射（包括点注射和线注射）时，两端抽气和外围抽气方式下树脂的充模时间基本相同，但树脂的流动前锋曲线明显不同；两端抽气和一端抽气方式下树脂的充模时间相差较大，而且树脂流动前锋曲线明显不同。

⑦ 树脂的流动倾角越接近竖直方向，重力对树脂流动的影响越大；考虑重力对制品性能的影响，真空辅助工艺注射时树脂应由制品底部向顶部导入，同时，树脂桶应低于制品最低点放置，否则，容易产生树脂富集而影响制品性能。

⑧ 夹芯材料开槽的数量、尺寸和规格对树脂的充模流动速度和浸胶质量具有重要的影响；槽宽一定的情况下，槽间距越小，树脂的充模流动速度越快，充模时间越短，反之，则充模时间越长。

⑨ 可以采用高渗透性的增强材料和采用多形态增强材料混合铺层的方式来提高树脂的充模流动速度；树脂在多形态混合铺层预成型体中的流动方式符合椭圆叠加原理。

⑩ 真空辅助工艺成型过程中，应综合考虑导流介质、引流槽孔、混合铺层等因素对树脂流动行为的影响，通过调整工艺及材料参数，实现工艺优化和工艺过程控制，保证制品的质量。

4.4.2　树脂工艺窗口

真空辅助工艺专用的树脂除了要求具有良好的力学性能外，还要求具有较低的黏度以及在低黏度（100～300mPa·s）下具有较长的工艺时间，以保证树脂对纤维织物浸渍过程的顺利进行和对纤维织物的彻底浸渍，即真空辅助工艺要求树脂具有低黏度平台。可利用流变仪对所用树脂的化学流变特性进行测试，研究树脂的黏度随温度、时间的变化规律，准确地确定特定条件下的树脂低黏度平台，为合理选择和优化工艺参数提供依据。

以Cytec公司的Cycom890树脂为例。如图4-26所示为测试得到的该树脂体系动态黏度曲线。温度的上升对树脂黏度有两方面影响：一方面由于温度升高，分子运动活性增大，使黏度下降；另一方面由于固化反应形成交联网络，限制分子的运动而使黏度上升。从曲线形状可看到，在低温阶段，由于没有达到固化反应所需要的活化能，所以升温导致的黏度下降的影响是主要的，当升温和固化交联对黏度的影响相当时，黏度最低，温度再升高，固化交联使黏度迅速上升，最终成为固态。

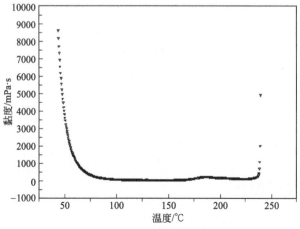

图4-26　Cycom890树脂体系动态黏度曲线（5℃/min）

Cycom890环氧树脂可注胶温度为80℃，在温度为80℃时，树脂的初始黏度为250mPa·s，30d之后树脂黏度仍然低于300mPa·s，在24h内树脂黏度基本保持初始黏度不变，如图4-27所示。

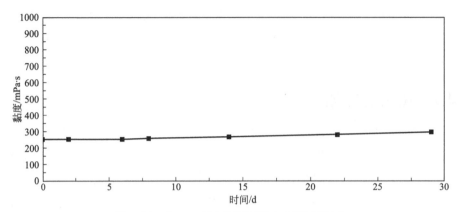

图4-27　Cycom890 环氧树脂在 80℃下黏度

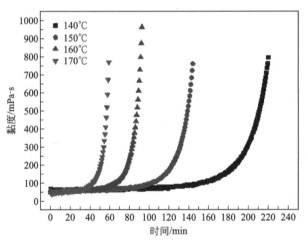

图4-28　Cycom890 树脂黏度随时间变化结果

如图4-28所示为树脂在140℃、150℃、160℃及170℃四个温度下黏度随时间变化的测试结果。

在等温条件下，树脂的黏度随固化反应的进行逐渐上升。温度越低，树脂固化反应进行得越慢，黏度上升越缓慢。VARI工艺树脂的注射温度应根据实际注射时间来选取。当制件较大时，所需的注射时间较长，在树脂对纤维浸润良好的前提下，应选择较低的注射温度，有较宽的温度范围，以延长树脂的凝胶时间；相反，制件较小，注射时间短，可适当提高树脂温度，减小温度范围，缩短工艺周期，提高效率，降低成本。

4.4.3　树脂流道设计

（1）设计方法　流道设计是真空辅助工艺最关键的技术之一，合理的流道设计是有效规避干斑、气泡等缺陷的重要手段，对大型复合材料制品的一次整体成型尤其如此。合理的工艺流道设计涉及树脂工艺操作窗口的确定、增强材料预成型体渗透率和树脂充模时间的估算、注射方式和抽气方式的选择、注胶口和抽气口的设置、导流介质的使用和孔、槽的开设等技术因素。

流道设计主要包括树脂流道和真空通路设计。目前流道设计主要有以下几种形式。

① 模具表面加工引流槽。引流槽作为流胶通道，真空通道设在预成型体上表面，树脂从制件下表面往上表面流动。引流槽的尺寸和数量要根据制件的形状、尺寸以及树脂的黏度通过实验来确定。这种方式浸渍质量好，工艺控制简单，但模具加工困难、成本高，沟槽对制品外观有影响。

② 模具表面加工真空通路，高渗透性导流介质辅助流胶。预成型体的上、下表面铺设导流介质，作为树脂的流动通道，树脂自预成型体的上表面向下表面流动浸渍增强材料。

③ 芯材上开槽或开孔作为流胶通道。对于夹芯结构复合材料制品，可以在芯材上开设引流槽和孔道作为树脂的流道，将真空通路设在预成型体表面上，树脂自槽或孔分散后浸渍增强材料。

④ 模具上加工主导流槽与导流介质配合使用。这种形式只在模具上加工一个或几个主要的沟槽作为进胶的通道，然后用铺在模具表面的导流介质将树脂快速分散，树脂从下往上渗透浸渍增强材料。

⑤ 用开槽或开孔的金属板替代导流介质作为树脂和真空的通道。金属板放置在预成型体的上下表面，模具上开引流槽，树脂从下往上渗透。

⑥ 导流介质辅助流动。预成型体上表面设置树脂主流道管和铺设导流介质作为树脂流道，同时将真空通路设在预成型体表面上，通过调整导流介质和真空通路的分布实现树脂充模过程优化和控制。这种方式最为简单和高效，制品外观质量好。

（2）设计原则 真空辅助成型流道的设计可以遵循以下几项原则。

① 尽可能缩短树脂流动距离，缩短树脂流动时间，且各流道之间树脂流动距离尽量保持一致。

② 保证树脂流动在树脂的工艺操作时间内完成。

③ 流道之间不能发生干涉。但对于复杂结构，如没有更为合适的流道设计方法，可以在干涉区域增加快速通道，保证在干涉区域的树脂通畅。

（3）设计步骤 树脂和真空通道可以分为两级：主流通道和分散通道。主流通道即主要的导流通道，其主要作用是将流体引到分散通道；分散通道的主要作用就是将主流通道的流体分散到增强材料预成型体的面上。树脂的主流通道由导胶管组成，分散通道主要是导流介质；引流槽既可用作主流通道，也可用作分散通道；真空的主流通道由导气管构成，分散通道是预成型体的有效孔隙通道。

因此，树脂和真空通道的分布，包括导胶管、导气管、引流槽和导流介质的分布。引流槽需要预先在芯材上开设，而导胶管、导气管和导流介质只需铺层完成后在预成型体表面上铺设即可。

树脂和真空通道分布设计的基本步骤如下。

① 分析制品的铺层结构和形状特征　整体成型流道设计的原则是保证树脂在凝胶前充分浸渍增强材料，实现制品的共固化。因此，流道设计首先需要充分了解制品的铺层结构和形状特征。

② 确定所用树脂的工艺操作窗口（即低黏度平台时间）　流道设计应保证在工艺操作窗口内完成树脂充模注射，否则，树脂在充模过程中凝胶固化而无法完成树脂对整个制品的完全浸渍。

③ 估测增强材料预成型体渗透率的范围　根据增强材料的种类、形态以及制品铺层结构和厚度，估算制品面内预成型体的渗透率大致范围。

④ 设计芯材的开槽和开孔方式　根据制品铺层结构的需要，设计开槽和开孔的数量及规格。

⑤ 估算树脂的充模完全时间　根据估测的渗透率范围和芯材开槽状态，估算树脂完全浸渍制件的充模时间。

⑥ 选择合适的注射方式和抽气方式　根据制品的形状特征、铺层结构、充模面积等因素，选择合适的注射方式和抽气方式。

⑦ 确定导胶管和导气管的分布及位置　根据选择的注射方式、铺层结构和制品形状，估计树脂的流动方向和分布状况，结合树脂的工艺操作窗口和增强材料预成型体的渗透率，确定导胶管和导气管的分布及位置，设置导胶管和导气管时应尽量避免树脂流动过程中包裹气泡形成干斑、气泡等缺陷，以及防止树脂过抽造成制品缺胶。

⑧ 确定注胶口、抽气口的数量及位置　根据注射管径、树脂的充模距离和充模面积，确定注胶口和抽气口的数量及分布。注胶口和抽气口的位置只需分别设置在导胶管和导气管上即可。

⑨ 确定导流介质的使用比例和分布　根据树脂的工艺窗口、树脂的充模距离和充模面积、预成型体的渗透率和厚度、制品铺层结构和形状特征，结合导流介质使用对树脂充模流动速度的影响，确定导流介质的使用比例和分布。

⑩ 制定初步流道设计方案　综合导胶管和导气管的分布和设置、注胶口和抽

气口的数量及位置、导流介质的使用比例和分布、芯材的处理方式和分布，制定初步的流道设计方案。

⑪　确定最终流道设计方案　对初步流道设计方案进行综合评估修正后，确定最终的整体流道设计方案。

4.4.4　树脂流动模拟

在实际构件的流道设计过程中，往往需要由多种树脂流道组合而成，只靠"试凑法"工艺实验很难准确掌握树脂在复杂结构预成型体中的流动状态，而且还需要消耗大量的人力和原材料，增加了产品的成本。而工艺过程数值模拟为优化工艺参数，了解各种参数对成品质量的影响提供了有效的技术手段。VARI工艺过程模拟可预测不同工艺条件下的充模时间，预测模腔内压力分布情况，显示任意时刻的流动前峰位置，以及预测可能出现的主要工艺缺陷干斑。这些预测的结果将为优化工艺设计提供重要依据。

PAM-RTM软件（其界面如图 4-29 所示）是针对 RTM、VARI等液体成型工艺开发的专业三维过程模拟软件，能够方便地模拟出树脂在预成型体内的流动状态、压力分布及充模时间等，从而达到优化模具设计和工艺参数，降低模具设计周期和降低成本的目的。

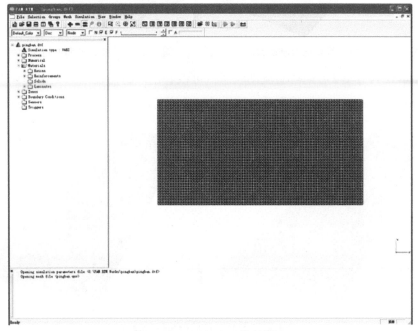

图 4-29　PAM-RTM 软件界面

根据C919平尾升降舵的结构形式，设计了四种不同的整体VARI成型树脂流道布置方案，见表4-1。表4-1中，方案2为方案1的改进方案，方案4为方案3的改进方案。

表4-1　C919平尾升降舵整体VARI成型树脂流道设计方案

方案	树脂流道布置	真空通路布置	充模时间/s	流动状况
1	前缘	后缘	4293	有树脂包裹现象
2	前缘和五个肋	后缘	4050	有树脂包裹现象
3	后缘	前缘	4006	无树脂包裹现象
4	后缘	前缘、后梁和五个肋	3988	无树脂包裹现象

图4-30为方案1前期树脂流动状态，肋树脂流动严重落后于壁板，方案2改进后，在肋增加树脂流动通道，显著改善这一问题，如图4-31所示。

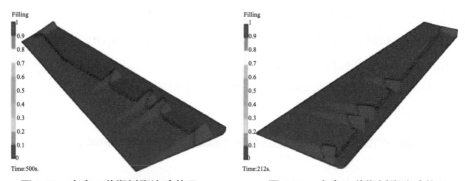

图4-30　方案1前期树脂流动状况　　　　图4-31　方案2前期树脂流动状况

图4-32为方案2后期树脂流动状态，可以看出，树脂在后缘处多处出现树脂干涉现象，且流动前锋比较混乱，难以控制，容易出现干斑缺陷。

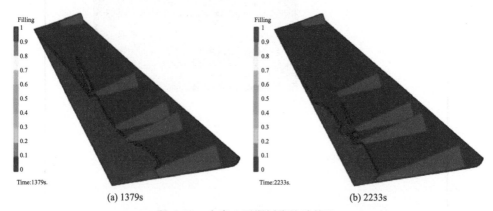

(a) 1379s　　　　　　　　(b) 2233s

图4-32　方案2后期树脂流动状况

如图4-33和图4-34所示分别为方案3在前期和后期出现的树脂干涉现象，针对这一情况，方案4在后缘和每个肋增加真空通道来解决这一问题。

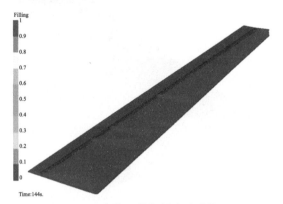

图4-33 方案3前期树脂流动状况

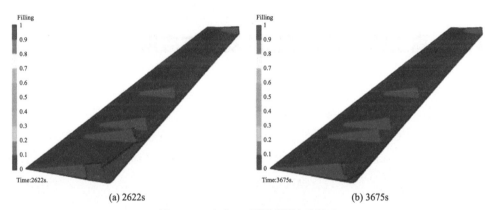

(a) 2622s   (b) 3675s

图4-34 方案3后期树脂流动状况

如图4-35和图4-36所示分别为方案2和方案4的充模时间分布图。相比，方案2在充模后期树脂前锋比较凌乱，容易出现干斑缺陷，且难以控制，方案4树脂流动前锋阶梯比较明显，不容易出现干斑缺陷，容易控制，且充模时间较短。所以，最终选择方案4作为最后的升降舵下壁板整体VARI成型的树脂流道布置方案。

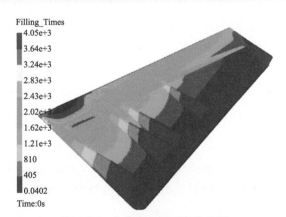

图4-35 方案2充模时间分布图

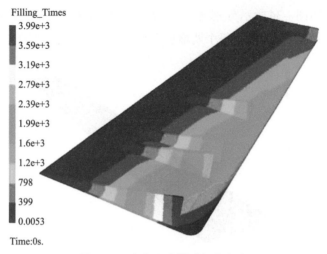

Filling_Times

3.99e+3
3.59e+3
3.19e+3
2.79e+3
2.39e+3
1.99e+3
1.6e+3
1.2e+3
798
399
0.0053

Time:0s.

图 4-36　方案 4 充模时间分布图

4.5　真空辅助成型工艺的发展与应用

真空辅助成型工艺开始于 20 世纪 80 年代末，但在 1990 年的早期才有第一个关于该工艺的专利申请。真空辅助成型工艺一开始并没有受到重视，自 1996 年在船舶上获得应用以来，现在真空辅助成型工艺在海军舰艇上已有了很大规模的发展，同时已用于军用飞机翼梁结构的制造；此外，它已经应用到了很多公共设施的建设上，从桥梁的修复到货物冷藏箱再到民用基础设施、汽车工业，都伴随着这一工艺。

在国外，真空辅助成型已经进行了十年多的研究，并且已经形成了许多各具特点的工艺方法。近几年，真空辅助成型工艺在低成本制造大尺寸的复合材料制件的复合材料工业中应用越来越广泛。美国实施的低成本复合材料计划（CAI 计划）第二阶段工作中，对 VARI 技术在航空复合材料结构应用的可行性进行了验证和演示，并作为 CAI 复合材料低成本技术体系中的一项重要技术。美国洛克希德 - 马丁公司研制的 F-35 战斗机首次采用 VARI 工艺制造的飞机座舱，在保证减重效率不变情况下，成本比热压罐工艺下降了 38%。在由美国 NASA 资助的"波音预成型体"计划中，V System Composite 公司采用 VARI 工艺，对机翼结构复合材料及带加强筋机身整体复合材料夹层结构的成型进行了验证。波音公司已就此立项进行研究，对象是大型飞机机翼蒙皮，VARI 成型工艺已被用于制造长 3m 的飞机翼梁。

参考文献

[1] 赵渠森，赵攀峰. 真空辅助成型工艺（VARI）研究. 纤维复合材料，2002（1）：42-46.

[2] 赵渠森，赵攀峰. 真空辅助成型技术（二）. 高科技纤维与应用，2002，27（4）：21-26.

[3] 赵渠森，赵攀峰. 真空辅助成型技术（三）. 高科技纤维与应用，2002，27（5）：25-27.

[4] 赵晨辉，张广成，张悦周. 真空辅助树脂注射成型（VARI）研究进展. 玻璃钢/复合材料，2009（1）：80-84.

[5] Bekir Yenilmez E. Murat Sozer Compaction of e-glass fabric preforms in the Vacuum Infusion Process, A: Characterization experiments Composites: Part A, 2009（40）:499-510.

[6] Kim R Y, McCarthy S P, Fanucci JP. Compressibility and relaxation of fiber reinforcements during composite processing. Polymer Composites, 1991, 12（1）: 13-19.

[7] Yenilmez B, Senan M, Sozer E M. Variation of part thickness and compaction pressure in vacuum infusion process. Composites Science and Technology, 2009，69（11～12）: 1710-1719.

[8] Modi D, Johnson M, Long A, Rudd C. Analysis of pressure profile and flow progression in the vacuum infusion process. Compos Sci Technol, 2009, 69（9）: 1458-1464.

[9] 杨金水，肖加余，曾竟成，彭超义. 真空导入模塑工艺树脂流动行为研究进展. 宇航材料工艺，2010（1）: 5-8.

[10] 杨金水. 真空导入模塑工艺树脂流动行为研究［学位论文］. 长沙：国防科学技术大学. 2007：30-34.

[11] 吴扬，段跃新. 缝合参数对缝纫平纹玻璃纤维织物复合材料弯曲性能的影响研究. 玻璃钢/复合材料，2011 6：24-27.

[12] 潘利剑，刘卫平，陈萍，戚方方. 真空辅助成型工艺中预成型体的厚度变化与过流控制. 复合材料学报，2012，29（5）：244-248.

[13] 潘利剑，刘卫平，陈萍，戚方方. 缝合泡沫夹层复合材料的滚筒剥离性能，玻璃钢/复合材料，2013（3）：39-42.

[14] 张彦飞，王芳芳，秦泽云，赵贵哲. 引擎盖VARTM成型充模流动模拟及优化. 工程塑料应用，2012，40（5）：1-4.

[15] 张旸，秦泽云，李慧，张彦飞，杜瑞奎. 风机叶片用玻璃纤维的渗透性能研究. 工程塑料应用，2011，39（6）：64-67.

第5章
RTM 成型

5.1 RTM成型基本原理

RTM（Resin Transfer Molding）是将树脂注入闭合模具中浸润增强材料并固化成型的工艺方法，适于多品种、中批量、高质量先进复合材料成型。这种先进工艺有着诸多优点，可使用多种纤维增强材料和树脂体系，有极好的制品表面。适用于制造高质量、复杂形状的制品，且纤维含量高、成型过程中挥发成分少、对环境污染小、生产自动化适应性强、投资少、生产效率高。因此，RTM工艺在汽车工业、航空航天、国防工业、机械设备、电子产品上得到了广泛应用。

RTM是在闭合模腔中预先铺覆好增强材料，然后将热固性树脂注入到模腔内，浸润其中的增强材料，树脂在室温或升温条件下固化脱模，必要时再对脱模后的制品进行表面抛光、打磨等后处理，得到表面光滑制品的一种高技术复合材料液体模塑成型技术。RTM成型原理如图5-1所示。

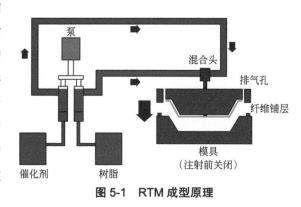

图 5-1 RTM 成型原理

5.2 RTM成型模具

决定RTM产品性能的首要因素就是模具，由于RTM模具一般采用阴阳模对合方法，因而想办法提高阴阳模的表面质量和尺寸精度就成为决定产品质量的一个关键因素。在RTM工艺中，模具设计与其制作的质量直接关系到制品的质量、生产效率和模具寿命等。因此，模具制作技术是RTM工艺中一个极为重要的环节。RTM工艺对模具的一般要求如下：

① 保证制品尺寸、形状的精度以及上下模匹配的精度；

② 具有夹紧和顶开上下模的装置及制品脱模装置；

③ 在模压力、注射压力及开模压力下表现出足够高的强度和刚度；

④ 可加热，并且模具材料能经受树脂固化放热峰值的温度；

⑤ 具有合理的注射孔、排气孔，上下模具密封性能好；

⑥ 寿命要长，成本要尽量低廉。

要满足上述要求，模具结构多采用组合形式，有锁紧、开模和脱模装置，模具上设有注射口和排气口。注射口一般位于上模最低点，放在不醒目的位置，以免影响制品外观质量。注射口还需垂直于模具，注射时务必使树脂垂直注入型腔中，否则会使树脂碰到注射口而反射到型腔中，破坏树脂在型腔内的流动规律，又会造成型腔内聚集大量气泡，导致注射失败。排气口位于树脂流动方向的最高点以及其他树脂较难到达的地方，这样的设计是为了保证树脂能充满整个模具型腔，并尽量排尽空气，使制品内无气泡存在。密封材料一般为橡胶、改性橡胶或硅橡胶，密封位置在模具边缘，模具材料为金属或玻璃纤维增强复合材料。金属模具的热传导性优越，可采用传统的电热板或加热管接触式加热，或者用电烘箱进行热气外部加热。

5.3 RTM树脂

国内普遍采用的注射树脂仍然是不饱和聚酯树脂或其改性品种。该树脂很难满足专用树脂"一长"、"一快"、"两高"、"四低"的要求。"一长"指树脂的凝胶时间长，"一快"指树脂的固化速率快，"两高"指树脂具有高消泡性和高浸润性，"四低"指树脂的黏度低、可挥发性低、固化收缩率低和放热峰低。特别需要指出的是，树脂体系的黏度对于充模过程以及产品质量的影响相当大。树脂体系的黏度增大，一方面树脂对纤维的浸润性下降、制品的孔隙率增大，甚至出现干点和气泡；另一方面，伴随注射压力的升高，必将缩短模具的使用寿命。当然，并非树脂体系的黏度越低越好（这会直接影响制品的力学性能）。而树脂体系反应活性的高低同样至关重要，它直接关系到工艺的生产效率。笔者认为，国内树脂应该朝着低黏度、高活性的专用化方向转型，确保工艺实现常温、低压、快速成型。当然，国内某些树脂厂也开发出了一些专用树脂，但在黏度、反应活性、放热峰值和收缩率等方面与国外专用树脂还存在很大差距。至于增强材料，国内主要用毡或毡布混用，而国外已发展到使用针织复合毡与预成型坯件，这样既耐树脂冲刷，又提高了铺模速度，但国内生产很少，应用也很少。

在采用RTM工艺时，由于RTM工艺是低压成型工艺，不仅要求树脂具有较高的力学性能和物理性能，并且要求收缩率较低，还要求树脂具有很低的黏度，以满足树脂对纤维的充分浸润及流动充模。RTM工艺对树脂体系的要求如下：

① 在室温或较低温度下具有低黏度（一般小于1.0Pa·s，以0.2～0.3Pa·s工艺性能最佳），且具有一定的适用期；

② 树脂对增强材料具有良好的浸渍性、黏附性和匹配性；

③ 树脂体系具有良好的固化反应性，固化温度不应过高，且有适宜的固化速率。在固化过程中不产生挥发物，不发生不良副反应。但随着真空辅助RTM成型技术的应用，对挥发分的要求有所放宽。

由于RTM工艺对树脂体系的特殊要求，现有高性能基体树脂一般在应用RTM工艺之前需进行改性。改性的方法可概括为两种：一是在现有树脂体系基础上，添加稀释剂以降低黏度；二是重新进行分子设计，合成出满足工艺要求的高性能基体树脂。采用稀释剂改性的树脂虽然获得了低黏度，却常常以耐热性和强度的降低为代价。在对耐热性和强度要求不高的民用领域，这些改性树脂拥有广阔的市场，但在要求苛刻的航空、航天领域，这一改性方法不能满足要求。第二种改性方法，由于从树脂的分子结构出发重新进行了分子设计，所以合成出的树脂不仅能满足工艺性能要求，而且能保持原树脂的耐热性和强度，甚至还有较大幅度的提高，因此在应用于高技术领域时更具竞争力。航空上可用的RTM树脂主要为环氧及双马来酰亚胺类。环氧具有代表性的是3M公司的PR-500、Hexcel公司的RTM 6、Cytec公司的Cycom890等。

Cytec公司的Cycom890是一种单组分环氧树脂，在室温环境下可贮存一个月，在-18℃条件下可贮存12个月。如图5-2所示为Cycom890树脂黏度随温度的变化结果，树脂最小黏度低于10mPa·s，在80℃时初始黏度为250mPa·s，满足注射要求。如图5-3所示为Cycom890树脂在80℃时黏度随时间的变化结果，可见，树脂具有相当长的工艺操作时间。树脂固化条件为180℃保温2h。

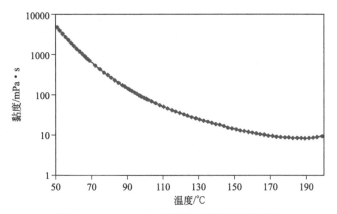

图 5-2　Cycom890 树脂黏度随温度的变化

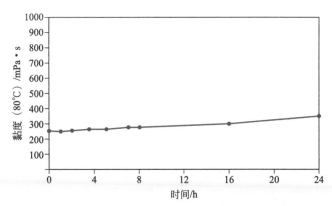

图 5-3　Cycom 890 树脂在 80℃时黏度随时间的变化

表5-1为Cytec公司的Cycom890树脂固化后浇注体的性能。RTM类工艺树脂的要求是在注入温度下有较低的黏度，有足够长的工作时间，同时为提高复合材料性能还要求树脂有一定的韧性。为此，Cytec公司开发了一种新的增韧环氧树脂PRISM EP2400，该树脂具有很高的压缩强度和损伤容限。

表5-2为Cytec公司的PRISM EP2400树脂固化后浇注体的性能，与Cycom890相比，拉伸模量和弯曲模量相当，而拉伸强度和弯曲强度明显提高。应变能释放率为裂纹每扩展单位面积时弹性系统所能释放出来的应变能，它是材料对裂纹扩展的阻力（即材料韧性的好坏），EP2400的应变能释放率是Cycom890的1000多倍，可见韧性得到非常显著的提高。

表5-1　Cytec公司的Cycom890树脂固化后浇注体的性能

性能	测试条件	结果
固化后树脂密度 /（g/cm³）（lb/ft³）	室温，干态	1.22（76.1）
树脂固化收缩率 /%	室温，干态	0.2
T_g（tanδ峰值）/℃（℉） T_g（储能模量拐点）/℃（℉）	室温，干态 室温，干态	210（408） 191（376）
T_g（tanδ峰值）/℃（℉） T_g（储能模量拐点）/℃（℉）	湿态，水煮48h 湿态，水煮48h	210（408） 169（336）
弹性剪切模量 G/GPa（ksi）	82℃（180℉），干态 93℃（200℉），干态	1.20（170） 1.13（160）
拉伸强度 /MPa（ksi） 拉伸模量 /GPa（ksi） 拉伸延伸率 /%	室温，干态 室温，干态 室温，干态	70（10.0） 3.1（440） 6.3
弯曲强度 /MPa（ksi） 弯曲模量 /GPa（454ksi） 弯曲延展率 /%	室温，干态 室温，干态 室温，干态	139（19.7） 3.2（454） 3.3
应变能释放率（GIC）/（kJ/m²）	室温，干态	0.2
断裂韧度（KIC）/MPa·m$^{\frac{1}{2}}$	室温，干态	0.9

表5-2　Cytec公司的PRISM EP2400树脂固化后浇注体的性能

性能	测试条件	结果
固化后树脂密度 /（g/cm³）（lb/ft³）	室温，干态	1.24（77.4）
拉伸强度 /MPa（ksi）	室温，干态	95（13.8）
拉伸模量 /GPa（msi）	室温，干态	3.4（0.49）
延伸率 /%	室温，干态	7.2
弯曲强度 /MPa（ksi）	室温，干态	164（23.8）
弯曲模量 /GPa（msi）	室温，干态	3.6（0.52）
应变能释放率（GIC）/（J/m²）	室温，干态	279
断裂韧度（KIC）/MPa·m$^{\frac{1}{2}}$	室温，干态	0.96
CTE/×10^{-6}℃$^{-1}$	室温，干态	60.5
T_g/℃（℉）	室温，干态	179（354）
T_g/℃（℉）	湿态，水煮48h	163（325）

　　PRISM EP2400树脂在韧性得到大幅度提高的同时，仍然保持了很好的工艺性，如图5-4所示为PRISM EP2400树脂黏度随温度的变化结果，如图5-5所示为

PRISM EP2400树脂黏度在不同温度条件下随时间的变化结果，树脂在70℃时即可满足树脂注射要求，在100℃时树脂可在10h内保持黏度小于300mPa·s。

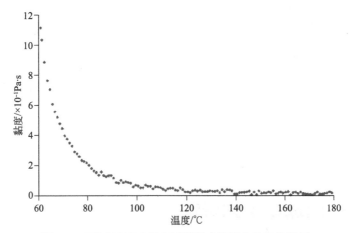

图 5-4　PRISM EP2400 树脂黏度随温度的变化结果

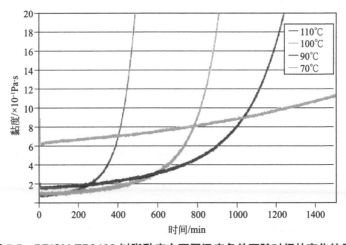

图 5-5　PRISM EP2400 树脂黏度在不同温度条件下随时间的变化结果

　　国内，中国航空工业制造工程研究所成功开发出用于RTM、RFI、VARI以及适合于整体成型工艺的系列产品，其中所开发的QY8911双马来酰亚胺树脂有效提高了碳纤维复合材料性能，QY8911双马来酰亚胺树脂配方设计可调变余地较大，适合于多种低成本成型工艺，QY8911双马来酰亚胺树脂的结构特征基团有利于采用电子束固化。

　　西安航天复合材料研究所等以低黏度液体酸酐为固化剂，制得了一种适用于RTM的高性能环氧树脂体系。该体系在25℃时的黏度仅为0.11Pa·s左右，25℃时的适用期在24h以上，T_g为160℃；其碳纤维复合材料层压板的拉伸强度为860MPa，拉伸弹性模量的70.0GPa，弯曲强度的820MPa，弯曲弹性模量的61.5GPa。

北京玻璃钢研究院复合材料有限公司将CYD128环氧树脂和自制高性能环氧树脂A共混改性，通过加入液体胺类物质作为固化剂，得到了一种适用于RTM的中温固化树脂体系。该树脂体系在30℃下的黏度为255mPa·s，且其树脂固化物的拉伸强度为67.7MPa，拉伸模量为3.1GPa，弯曲强度为101MPa，弯曲模量为2.87GPa。

按传统的增韧方法，树脂韧性与黏度是两个矛盾的、很难同时满足的因素，北京航空材料研究院则通过离位增韧的方法取得了很好的效果。

5.4 RTM成型工艺流程

5.4.1 模具设计与制造

RTM模具由阳模和阴模两个半模组成。模具制作好后，应选择合适的位置开设注射口、排气口，铺设密封条，安装定位装置和紧固件等。在RTM模具制作过程中应注意如下几方面问题。

① 要注意注射口、排气口的位置和数量的合理选择。一个模具的注射口一般为一个，而排气口则要根据制品的大小、结构形式来选择若干个。其位置一般选择在离注射口最远端处以便使树脂容易充满模腔，而制品的外观质量可得到有效控制。

② 为了保证模具内树脂漏损率达到工艺规程要求，阴、阳模必须密封好，通常采用橡胶条作为密封材料。

③ 模具表面的粗糙度必须达到模具设计要求，上、下模匹配应符合相应要求，以确保制品的外形尺寸与形状的精度要求。

④ 要保证足够的强度和刚度，一般要求在0.15MPa注射压力下，模具不损伤、不变形，且有较长的使用寿命，兼考虑模具的制造成本。

RTM的模具制作是一个关键环节。由于RTM技术引进时间还不算长，国内RTM的模具制作受原材料的限制且复合材料制品类型较多，模具的变化较大，模具制作困难。因此RTM模具制作是当前应深入研究的课题，它与复合材料制品的质量、生产效率、模具使用寿命以及操作者劳动强度等方面直接相关。如图5-6所示为"工"字形肋成型模具。

图 5-6　"工"字形肋成型模具

5.4.2　预成型体制备

　　预成型体的制备（图 5-7），即预成型时采用定型剂或缝纫的方法把增强材料固定成与制品相同形状的过程，所制备的制品叫预成型体。预成型体的制备是RTM 成型中最关键的技术。一般情况下，根据模具尺寸分层裁剪，耗时且纤维易分散。为了操作方便，把增强材料用编织或定型剂固定，使纤维不易分散，然

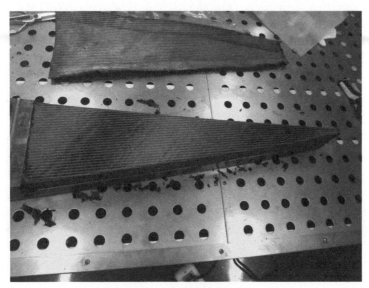

图 5-7　预成型体的制备

后在加热加压的条件下使增强纤维变成一体，每层都用定型剂粘接。民用产品的RTM成型一般用热塑性树脂或热固性树脂。这些树脂在常温下为固体，加热时熔融固化，将纤维黏结在一起，之后冷却至室温，再变为固体。该技术主要应用于几何尺寸十分复杂的大制件。

5.4.3　合模与注胶

将增强体放入模具后即可合模（图5-8），合模后需要对模具的密封性进行检查，确保模具的密封性后即可注胶。影响RTM成型工艺的主要因素包括注胶压力、辅助真空、注胶温度。注胶压力的选择一直是RTM工业生产中一个有争议的问题。有人认为采用低压注胶，可促进树脂对纤维表面的浸润；有人则赞成采用高压注胶，认为这样可排出残余空气。Hayward实验结果表明，采用不同注胶压力时，对复合材料剪切强度影响很小，但对弯曲强度影响稍大。而Young的相似研究则进一步表明，仅在室温下低压注胶时，复合材料的弯曲强度稍低，而在高温（如50℃）下注胶时，压力的变化对复合材料的性能几乎没有影响。

产物中的残余物或气泡如何排出是RTM技术中最难解决的问题之一，通过VARTM技术能够有效地解决。该技术是在注射树脂（图5-9）的同时，在排出口接真空泵抽真空。这样不仅能够增强树脂传递压力，排除模具及树脂中的气泡和水分，更重要的是能够为树脂在模腔中打开并形成完整的通路。VARTM能显著地减少最终产品中夹杂物和气泡的含量，进而提高产品的力学性能。另外，无论增强材料是编织的还是非编织的，无论树脂类型及黏度如何，VARTM都能大大改善模塑过程中纤维对树脂的浸润性。

图 5-8　合模　　　　　　　　　图 5-9　树脂注射

注胶温度取决于树脂体系的活性期以及最低黏度时的温度。在不至于过多缩短树脂凝胶时间的前提下，为了使树脂在最小压力下对纤维进行充分的浸润，注胶温度应尽量接近树脂达到最低黏度时的温度。温度过高会缩短树脂的工作期；温度过低则会使树脂黏度增大，从而阻碍树脂正常渗入纤维的能力。

5.4.4 固化与脱模

RTM 成型主要借助于鼓风烘箱进行加热固化。图5-10为RTM成型"工"字形肋。

图 5-10　RTM 成型"工"字形肋

5.5　RTM成型工艺发展与应用

RTM是起源最早的一种LCM成型技术，从湿法铺层和注塑工艺中演变而成，源于20世纪40年代的"Marco"法，目前许多LCM工艺（如VIMP、SCRIMP等）都是由RTM演变发展而来的。由于RTM成型构件具有两面光洁且采用低压成型的优点，比手糊工艺更具优越性，在工业应用中得到了发展。但是由于当时缺乏相应的低黏度树脂体系并且预成型体制备过于复杂，因此没有得到足够重视和大规模的应用。在20世纪60～70年代，SMC、BMC、喷射、缠绕等工艺占据成型的主要位置，直到80年代初，环保和低成本化等观念逐渐受到重视，低污染、低成本、高性能的LCM成型技术才迅速发展起来。这类技术工艺方法灵活，能在低温、低压条件下一次成型带有夹芯、加筋、预埋件的大型结构功能件。与传统的热压罐成型技术相比，可降低制造成本40%左右，一次性完成材料和结构成型。LCM类工艺已经逐渐成熟，并向多样化、灵活性等方向发展，总结近年来复合材料国际会议的文章可以看出，对LCM类技术的研究和应用已经成为低成本复合材料技术（Cost-effective Manufacture Technology）的主要发展方向，并成为目前先进复合材料的一个主要研究热点。

传统的RTM工艺，由于是闭模工艺，因此具有减少挥发性有机物（VOC）排放、扩大可用原材料范围、降低用工、环境友善以及可得到表面光洁的产品等优点。但是在RTM工艺中，树脂的注入是在较高的压力和流速下进行的，因此要保证模具的结构强度和刚度足够大，使其在注射压力下不被破坏和变形。通常采用带钢管支撑的夹芯复合材料，或用数控机床加工的铝模或钢模，但这提高了制造成本，只有在产量足够大时，才能抵消模具费用。此外，为了闭合模具，要保证周边有足够的箍紧能力（或使用闭合模具的压力系统）。上述因素都限制了RTM工艺在大产品上的应用。轻型树脂传递模塑工艺（RTM-Light）又称为LRTM、ECO、真空模压或VARTM，是近年来发展迅速的一种低成本制造工艺，目前在船舰、汽车、工业和医用复合材料等应用领域中已有超过RTM工艺的趋势。

波音公司用编织结构增强/RTM技术制造了"J"形机骨架。道格拉斯公司采用缝合结构增强体/RTM技术研制了机翼和机身蒙皮。对于这种带加强筋结构的复合材料，利用RTM技术比一般传统的复合材料成型技术（预浸料/热压罐法）加工时间减少50%以上，且能提高复合材料的抗冲击性能，改善制件加强筋和蒙皮之间的整体性。空中客车公司利用碳纤维/玻璃纤维混杂织物作为增强材料，中温固化环氧树脂为基体树脂，利用RTM技术批量生产A321发动机吊架尾部整流锥。与模压技术相比，生产成本降低了30%。利用RTM技术制备的实壁结构机头雷达罩，具有刚度高、透波性能好等优点，在各种型号飞机上得到广泛应用。BP高级材料公司使用RTM技术成型了具有蜂窝式芯型结构增强的复杂几何体形状的波音757推进器转向风门。Hercules公司使用RTM技术制造导弹机翼和其他部件，采用的预成型体包括碳纤维衣、玻璃纤维与碳纤维的混合物，其制造成本仅为连续纤维缠绕的1/4～1/3。Hercules正在研制用RTM生产Pegasus三级触发器，其部件选用了HBRF-55A环氧树脂和AS4碳纤维编织预成型体，部件独特而复杂的造型再次证明了RTM技术的优异性。

由于RTM工艺具有效率高、投资低、工作环境好、能耗低、工艺适应性强等一系列优点，因此备受各产业的青睐，近年来发展迅速，已广泛应用于建筑、交通、电信、卫生、航空航天等各领域。日本强化塑料协会已将RTM工艺和拉挤工艺，推荐为两大最有发展前途的工艺。国外复合材料界预测，RTM技术的研究和应用热潮将在21世纪持续发展，成为FRP领域的主导工艺之一。据统计，近年来欧美等国家RTM制品增长率已连续多年达10%以上，这一增长速率超过了复合材料的平均增长速率，并保持了相当长的一段时间。早在20世纪80年代初，美国的保龄球娱乐中心就使用了由RTM工艺生产的座椅，以后各国相继开发了汽车外壳、净化槽、游艇壳体、引擎盖、汽车保险杠等产品，从简单的手推车车身到复杂的小汽车、面包车的整体车身及高性能复合材料结构件飞机垂直尾翼、汽车底盘，均可采用RTM工艺制造。此外，在努力开发RTM制品的同时，对用于RTM工艺的原材料、机械设备、模具结构等诸方面也进行了相应的深入研究。经过多年的研究和发展，RTM在工业发达国家如英国、美国、德国、法国、瑞典已发展到相当成熟的程度，应用也相当普遍。该工艺系统目前日趋完善，生产效益已达到每5min制造一个制品的程度（与SMC同样的生产效率）。

汽车工业的发展以及纤维增强复合材料在汽车构件中的应用为RTM工艺的发展提供了一个契机。为满足汽车车体结构轻量化，制备高性能、高品质汽车承力结构，同时又能满足环境要求和工业化汽车生产的需要，工业化RTM工艺制备汽车结构的复合材料技术近年来得到迅速发展和应用。世界著名汽车厂商如福特、雪铁龙等都竞相在汽车结构上采用复合材料。而作为我国大力发展的汽车工业，面对一个发展良机，国内厂商也开始投入大量人才力和物力加以应用研究和普及推广这种效率高、污染小、综合效益好的RTM复合材料成型工艺。

此外，在铁路系统和船舶领域，RTM工艺也得到广泛应用，如在铁路系统中利用RTM成型工艺制备高速列车（磁悬浮列车）的车身、内部设备、装修装饰件以及承重结构等；在民用船舶领域，生产轻质高速的私人游艇、帆船、救生艇、渔船以及豪华客轮；在军用领域，随着舰船本身隐身性能的提高，具有刚度高、耐腐蚀、抗生物附着、透波性能好、良好隐身性能的复合材料已开始研究和开发，制作工艺得到日益完善，如RTM成型桅杆，具有外观光滑漂亮、尺寸精度高、质量稳定、厚度均匀的优点，相关性能也能达到技术要求。

RTM工艺是近年来国内外开展研究工作最为活跃的领域之一，在设备、工艺和材料及理论研究等几个方面都已有长足的发展。目前对树脂充模的流动机理已初步掌握，并建立了相关的液体流动模型。而RTM技术也在朝着更高的技术、更广的应用领域发展，伴随而来的是清洁、自动、快速、低成本、高质量的复合材料制造技术以及低压力、低投资的设备和模具。进一步研究缺陷形成机理和影响因素，建立高效、准确的RTM成型工艺过程，模拟模型、进一步完善相关软件和技术，可使其对实际制造过程有更准确的预测、指导和实时控制能力，以保证构件的内部质量。有理由相信，随着我国经济的发展，RTM工艺将会越来越成熟，并在国民经济的多个领域中得到更加广泛的应用。

参考文献

[1] 沃西源. RTM成型工艺技术进展. 航天返回与遥感，2000，21（1）：48-52.

[2] 段华军，马会茹，王钧. RTM工艺国内外研究现状. 玻璃钢/复合材料，2000（5）46-48.

[3] 李萍，陈祥宝. RTM技术的发展及在航空工业的应用. 材料工程，1998（1）：46-48.

[4] 邱桂. RTM成型工艺中缺陷形成机理的研究［学位论文］. 武汉：武汉理工大学，2002.

[5] 张彦飞，刘亚青，杜瑞奎，陈淳. RTM工艺过程中气泡形成机理及排除方法研究进展. 宇航材料工艺，2006，36（5）：7-11.

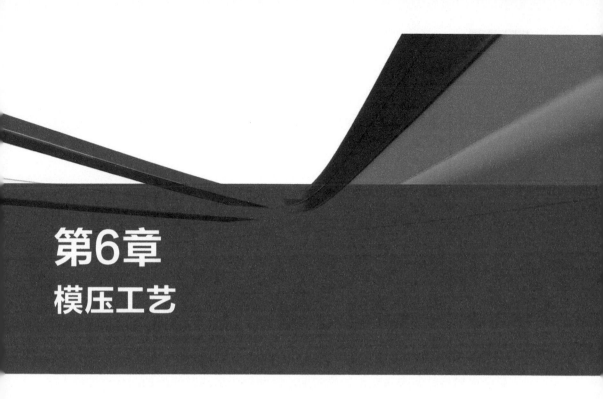

第6章
模压工艺

6.1 工艺原理

6.1.1 模压成型定义

模压成型工艺是指将一定量的模压料（粉状、粒状、片状或丝状等模压料）放入金属对模中，在一定温度和压力下，固化成型为异形制品的工艺过程。

从定义看，模压成型必须满足以下几个基本条件：

① 模压料在模具开启状态下加入；

② 成型过程中，模压料需要在一定温度条件下塑化、流动充模、固化定型；

③ 模压料在充模流动过程中，不仅树脂流动，增强材料也随树脂流动，成型过程中需要较高的成型压力，压力一般由液压机施加；

④ 制品尺寸和形状主要由闭合状态下的模具型腔保证，需要高强度、高精度、耐高温的金属模具。

6.1.2 模压成型工艺的特点

与其他成型工艺相比较，它的特点如下。

优点：①生产效率高；②制品尺寸精确，表面光洁，可以有两个精制表面；③生产成本低，易实现机械化和自动化；④多数结构复杂的制品可一次成型，无需有损玻璃钢强度的二次加工；⑤制品的外观尺寸重复性好。

缺点：①压机和模具设计与制造较复杂；②初次投资高；③制品尺寸受设备限制，一般只适于制造中小型制品。

6.1.3 模压成型工艺

6.1.3.1 充模流动过程控制

在模压成型工艺过程中，重点在于选择合理的成型工艺条件，以控制模压料的充模流动特性，使模压料顺利地充满模腔，制备满足制件结构和尺寸要求的模压制品。

（1）成型温度和时间对模压料流动性的影响　在模压成型过程中模压料的温度随加热时间的增加而升高，模压料在温度升高过程中呈现复杂的物理和化学变化，而这些变化对模压料的流动性起决定作用。

温度由加热时间来决定，加热初期，流动度随加热时间增加，流动性增大，也就是说黏度对温度敏感。随温度升高，分子链活动能力增加，体积膨胀，分子间作用力减小，流动性增大。但温度继续升高，聚合交联反应加快，熔体的黏度增大，流动性降低。可见，温度对流动性的影响是由黏度和聚合交联反应速率两种因素决定的。

如图6-1所示为温度对热固性聚合物流动性综合影响。从图6-1中可以看出，当温度<T_0时，黏度随温度升高而降低，流动性随温度升高而增加；当温度>T_0时，聚合交联反应起主导作用，随温度升高，交联反应速率加快，熔体流动性迅速降低。可见，模压工艺中，物料充满模腔最适合的温度，应当在黏度最低点附近而又不引起迅速交联反应的温度。

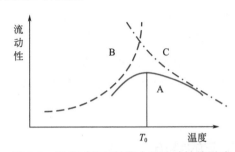

图6-1　温度对热固性聚合物流动性的影响

A—总的流动曲线；B—黏度对流动性影响曲线；C—固化速率对流动性影响曲线

（2）成型压力对模压料流动性的影响　压力一方面使物料流动产生剪切变形，压力增加使聚合物熔体剪切变形和剪切速率增大，使大分子链局部取向及触变效应等导致黏度下降和流动性增加；另一方面剪切作用又增加了活性分子间的碰撞机会，降低了反应活化能，使聚合物交联反应速率加大，因而熔体黏度随之增大。

所以，压力增加使切变速率达到一定值后，黏度下降不多，基本上趋于不变，在这种速率下加工，产品质量比较稳定。继续增加压力，导致切变速率过高，这样不但不能降低黏度，反而增大了功率的消耗。

6.1.3.2 压制工艺

模压成型工艺周期如图6-2所示，典型的模压工艺一般分快速成型和慢速成型两种，选择何种工艺主要取决于模压料的类型。

（1）快速模压成型工艺

① 温度制度　快速模压成型其装模温度、恒温温度、脱模温度都是在同一温度下进行的，其成型过程不存在升温和降温问题。

② 压力制度　快速模压成型从上模与模压料接触开始到解除压力，其压力施加，没有明确的界限，即不存在明确的加压时机；其加压速度的确定需要根据实际情况来判断。

放气是指将物料中残余的挥发分、固体反应放出的低分子物及带入物料中的空气等的排除过程。

快速模压不存在加压时机，但由于装模和加压时温度接近成型温度，在短时间内会放出大量的挥发性气体，很容易使制品出现气泡、分层等缺陷。所以在快速压制时，需采用放气措施。加压初期，压力上升到一定值后，要卸压抬模放气，再加压充模，反复几次。

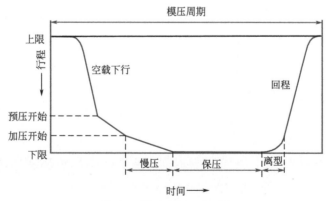

图6-2　模压成型工艺周期

（2）慢速模压成型工艺（图6-3）

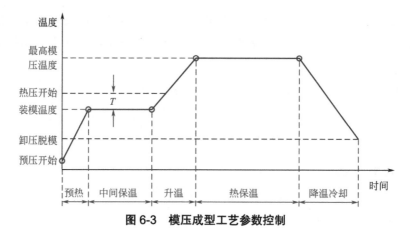

图6-3　模压成型工艺参数控制

① 温度制度　在慢速模压成型过程中，其成型温度制度分为五部分：装模温度、升温速率、最高模压温度、恒温时间、降温。

a. 装模温度　指物料放入模腔时模具的温度，此时物料的温度逐渐由室温升高到装模温度，同时加压力为全压的1/3～1/2，使物料预热预压；并且需要在这个温度下保温一段时间。主要由模压料的品种和质量指标决定。一般这个温度选择在溶剂的挥发温度，既有利于低分子物挥发，又易于物料流动，还不致使树脂发生明显的化学变化。一般情况下在室温至90℃范围内。

b. 升温速率　指由装模温度到最高温度的升温速率。

在慢速成型工艺中，必须选择适宜的升温速率。特别是较厚制品由于模压料本身导热性差，升温过快，易造成内外固化不均而产生内因力，形成废品；速度过慢又降低生产效率。升温的同时，注意观察模具边缘流出的树脂是否能够拉丝，如能够拉丝，表明此时的温度达到了树脂的凝胶温度，并可能伴随有大量的低分子物放出；即热压开始，加全压。一般采用的升温速率为10～30℃/h，对氨酚醛的小制品可采用1～2℃/min的升温速率。

c. 最高模压温度　模压温度由树脂放热曲线来确定。要根据具体的树脂，通过DSC实验做出它的放热曲线，然后根据放热曲线和实际情况来决定。

d. 保温时间　指在成型压力和模压温度下的保温时间，热压保温过程始终保持全压。作用：ⓐ使制品固化完全；ⓑ消除内应力。最高模压温度下的保温时间主要由两个因素决定：ⓐ不稳定导热时间（从热模具壁到模腔中部的传热，使内外温度一致所需的时间）；ⓑ模压料固化反应的时间。不同种类的物料保温时间不同，不同厚度的制品保温时间不同。

几种典型模压料的保温时间见表6-1。

表6-1 几种典型模压料的保温时间

模压料	镁酚醛型	酚醛环氧型	氨酚醛型	硼酚醛型	F-46环氧/NA 型	聚酰亚胺型
保温时间/（min/mm）	0.5～2.5	3～5	2～5	5～18	5～30	18

e. 降温冷却 在慢速成型中，保温固化结束后要在保持全压的条件下逐渐降温，直至模具温度降至60℃以下时，方可进行脱模操作，取出制件。作用是：确保在降温过程中制件不发生翘曲变形。一般采用自然冷却和强制冷却两种。

f. 制品后处理 是指制件脱模后在较高温度下进一步加热固化一段时间。作用：提高制品固化反应程度，增加交联密度；提高制品尺寸稳定性和电性能；去除残留挥发物，且消除残余应力，减少制品变形。

温度和处理时间都要适当，温度不能过高，时间不能过长，后处理本身又是热老化过程，过高、过长反而使制品性能下降。

② 压力制度 在慢速模压成型过程中，其成型压力制度包括：成型压力、合模速度、加压时机等。

a. 成型压力 成型压力是指制品水平投影面积上所承受的压力。作用：克服物料中挥发物产生的蒸气压，克服模压料的内摩擦、物料与模腔间的外摩擦，使物料充满模腔；增加物料的流动性（图6-4），使物料充满模腔；压紧制件，使制件结构密实，机械强度高；保证精确的形状和尺寸。

常见模压料的成型压力见表6-2，决定因素为物料的种类及质量指标和制品结构形状尺寸。

表6-2 常见模压料的成型压力

模压料名称		成型压力/MPa
镁酚醛预混料		28.8～49
环氧酚醛模压料		14.7～28.8
环氧模压料		4.9～19.6
聚酯料团	一般制品	0.7～4.9
	复杂制品	4.9～9.8
片状模塑料	特种低压成型料	1.7～2.0
	一般制品	2.5～4.9
	复杂深凹制品	4.9～14.7

确定成型压力时应注意：薄壁制品较厚壁制品需要的成型压力大；制品壁越厚需要的成型压力越大；圆柱形制品较圆锥形制品需要的成型压力大；制品结构

越复杂，需要的成型压力越大；模压料流动方向与模具移动方向相反比相同时成型压力要大。

一般情况下成型压力高，有利于制品质量提高，但压力过高会引起纤维损伤，使制品强度降低，而且对压机寿命和能耗不利。

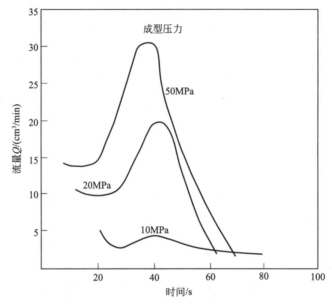

图6-4　物料在不同成型压力下的流动性

b. 合模速度　上模下行要快，但在与模压料接触时，需放慢速度。下行快，有利于操作和提高效率；合模要慢，有利于模具内气体的充分排出，减少制件缺陷的产生。

c. 加压时机　合模后，在一定时间、温度条件下进行适宜的加压操作。加压时机是保证制品质量的关键之一。

加压过早，树脂反应程度低，分子量小，黏度低，极易发生流失或形成树脂聚集或局部纤维外露。加压过迟，树脂反应程度过高，分子量过大，黏度过高，不利于充模，易形成废品。

根据实践，加压时机最佳应在树脂剧烈反应放出大量气体之前。

判断的方法有三种：ⓐ在树脂拉丝时开始；ⓑ根据温度指示，当接近树脂凝胶温度时进行加压；ⓒ按树脂固化反应时气体释放量确定加压时机。

6.1.3.3　典型模压工艺

表6-3、表6-4分别为几种常见模压料的快速成型工艺和慢速成型工艺。

表6-3　快速成型工艺

工艺参数 模压料	预热		模压		
	温度/℃	时间/min	成型温度/℃	成型压力/MPa	保温时间/ （min/mm）
玻璃纤维-改性酚醛料 （FX-501）			155±5	44±5	11.5
玻璃纤维-改性酚醛料 （FX-502）	90±5	2～5	150±5	34±5	11.5
玻璃纤维-镁酚醛料			145±5	9.8～14.7	0.3～1.0
SMC			135～150	29～39	1.0

表6-4　慢速成型工艺

工艺参数 模压料	616酚醛预混料	环氧酚醛模压料	F-46环氧＋NA层模 压料
装模温度/℃	80～90	60～80	65～75
加压时机	合模后30～90min，在 （105±2）℃下一次加压	合模后20～120min，在 90～105℃下一次加压	合模后即加全压
成型压力/MPa	12～39	15～29	10～29
升温速率/ （℃/h）	10～30	10～30	150℃前为36～42 150℃后为25～36
成型温度/℃	175±5	170±5	230
保温时间/（min/ mm）	2～5	3～5	150℃保温1h，230℃ 按15～30min保温
降温方式	强制降温	强制降温	强制降温
脱模温度/℃	＜60	＜60	＜90
脱模剂	硬脂酸	硅脂	硅脂10%甲苯溶液

6.2　工艺选材

6.2.1　模压料的种类

6.2.1.1　状模塑料（Sheet Molding Compound，SMC）

SMC是指用基体树脂（不饱和聚酯树脂、乙烯基酯树脂等）、增稠剂［MgO、Mg（OH）$_2$、CaO、Ca（OH）$_2$等］、引发剂、交联剂、填料等混合成树脂糊，浸渍短切玻璃纤维或玻璃纤维毡，并且在两面用聚乙烯（PE）或聚丙烯（PP）薄膜包覆起来形成的片状模压成型材料。

SMC是干法生产复合材料制品的一种中间材料。它与其他成型材料根本区别在于它的增稠作用。在浸渍玻璃纤维时体系黏度较低，浸渍后黏度迅速上升，达到并稳定在可供模压的程度。如图6-5所示为不同颜色的SMC片材，如图6-6所示为SMC片材卷筒。

图6-5　不同颜色的SMC片材　　　　图6-6　SMC片材卷筒

SMC的特点如下。

① 操作方便，易于实现自动化，生产效率高，改善了湿法成型的作业环境和劳动条件（由于增稠剂的化学增稠作用，使SMC处于不粘手状态，避免了树脂黏滞性带来的许多麻烦）。

② 成型流动性好，可成型结构复杂的制品。

③ 制品尺寸稳定性好，表面光滑，光泽好，纤维浮出少，简化了后处理工序。

④ 增强材料在生产和成型过程中均无损伤，制品强度高。

不足之处：设备造价较高，设备操作和过程控制较为复杂。

6.2.1.2　块状模塑料/团状模塑料（Bulk/Dough Molding Compound，BMC/DMC）

BMC/DMC是将基体树脂（不饱和聚酯树脂）、低收缩剂、固化剂、填料、内脱模剂、玻璃纤维等经充分混合而成的团状或块状预混料。与SMC的区别主要在形态和制作工艺上。如图6-7所示为不同颜色的BMC/DMC模塑料。

BMC/DMC的特点如下。

① 成型周期短，可模压，也可注射，适合大批量生产。

② 加入大量填料，可满足阻燃、尺寸稳定性要求，成本低。

③ 复杂制品可整体成型，嵌件、孔、台、筋、凹槽等均可同时成型。

④ 对工人技能要求不高，易实现自动化，节省劳动力。

图 6-7　不同颜色的 BMC/DMC 模塑料

不足之处：仅适于制作尺寸较小、强度要求不高（一般BMC强度约比SMC低30%）的产品。

6.2.1.3　短纤维模压料

短纤维模压料是指以热固性的酚醛、环氧等树脂为基体，以短切纤维（玻璃纤维、高硅氧纤维、碳纤维等）为增强材料，经混合、撕松、烘干等工序制备的纤维模压料。如图6-8所示为FX-501酚醛模塑料。

短纤维模压料的特点如下。

① 纤维松散无定向。

② 适于大批量生产。

③ 模压料流动性好，易于成型复杂制件。

④ 成型技术要求不高，易实现自动化。

不足之处：①纤维在制备过程中强度损失大；②模压料比容大，需增加模具加料腔的高度。

6.2.1.4　预浸纤维布

预浸纤维布是指以热固性的环氧、酚醛、不饱和聚酯等树脂为基体，以布状纤维（玻璃纤维、碳纤维、芳纶纤维等）为增强材料，经浸胶、烘干、收卷等工序制备的布状纤维模压料。图6-9为碳纤维-环氧树脂预浸布。

图 6-8　FX-501 酚醛模塑料

图 6-9　碳纤维 - 环氧树脂预浸布

6.2.1.5　单向预浸料

　　单向预浸料是指以热固性的环氧、酚醛、不饱和聚酯等树脂为基体，以均匀分布的单向纤维（玻璃纤维、碳纤维、芳纶纤维等）为增强材料，经浸胶、烘干、收卷等工序制备的连续纤维模压料。图 6-10 ～图 6-12 分别为片状玻璃纤维 - 酚醛树脂单向预浸料、丝状玻璃纤维 - 酚醛树脂单向预浸料和收卷的碳纤维 - 环氧树脂单向预浸料。

图 6-10　片状玻璃纤维 - 酚醛树脂单向预浸料

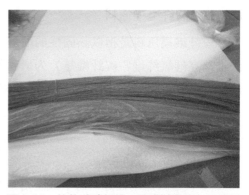

图 6-11　丝状玻璃纤维 - 酚醛树脂单向预浸料

图 6-12　收卷的碳纤维 - 环氧树脂单向预浸料

6.2.2 典型模压料的制备工艺

6.2.2.1 SMC模压料制备工艺

（1）SMC的组分材料　SMC的组分材料主要包括：不饱和聚酯树脂、玻璃纤维、引发剂、交联剂、填料、增稠剂、低收缩添加剂、阻聚剂、内脱模剂和颜料等。

① 交联剂　加入交联剂和聚酯发生共聚反应，使不饱和聚酯树脂大分子通过交联单体自聚的"链桥"而交联固化，改善了树脂固化后的性能。同时交联剂用量增加，会使体系黏度降低。

常用交联剂为苯乙烯，另外还有甲基丙烯酸甲酯、乙烯基甲苯、邻苯二甲酸二丙烯酯。

② 引发剂　SMC对引发剂的要求：a.贮存、操作安全；b.室温下不分解；c.SMC贮存期长；d.达到某一温度时，分解速度快，交联效率高；e.价格低。

引发剂对树脂糊适用期、流动性和模压周期起主要作用。用量过多，会使生成物分子量较低，力学性能差。另外，由于加入过多，反应速率过快，导致树脂因急剧固化收缩，而使制品产生裂纹。用量过少，会使制品固化不足。

常用的引发剂种类及其用量：过氧化苯甲酰（BPO）2%；过氧化二异丙苯（DCP）1%；过氧化环己酮（CHP）1%。

③ 阻聚剂　作用是防止不饱和聚酯树脂过早聚合，延长贮存期。

选用原则：a.在引发剂和树脂的临界温度内起作用；b.不能极大影响树脂的交联固化和成型周期。

常用的阻聚剂有苯醌类和多价苯酚类化合物、对苯二酚（HQ）、对苯二醌（TBC）、对叔丁基邻苯二酚（TBC）。

④ 增稠剂　使黏度由很低迅速增高，最后稳定在满足工艺要求的熟化黏度，并相对长期稳定。

增稠剂主要是第二主族的金属氧化物或氢氧化物，如MgO、$Mg(OH)_2$、CaO、$Ca(OH)_2$等。

增稠机理如下。

第一阶段：金属氧化物或氢氧化物与聚酯端基进行酸碱反应，生成碱式盐。碱式盐进一步脱水。脱水方式有两种：碱式盐同聚酯之间脱水；碱式盐之间脱水。

第二阶段：络合反应，碱式盐中的金属离子和酯基中的氧原子以配位键形成络合物。大量络合键的形成使分子间摩擦力升高，而使物料黏度上升。

第一阶段主要决定达到熟化黏度的时间，第二阶段主要决定最终熟化黏度。

⑤ 低收缩添加剂　降低或消除固化收缩；保证制品的表观质量。

低收缩添加剂主要有两类：热塑性高分子聚合物（PVC、PE、PS、PVAc）、液态丙烯酸单体。

a. 热塑性高分子聚合物　体系温度升高，热塑性树脂和不饱和聚酯树脂都发生热膨胀，接着不饱和聚酯树脂和苯乙烯开始交联聚合，在热塑性聚合物施加内压下固化，当热塑性聚合物开始固化时，不饱和聚酯树脂已经固化完，热塑性聚合物虽然发生聚合收缩，但不饱和聚酯树脂已经固化完成，这时收缩只是局部收缩，不引起整体收缩，使它与外部物料中间形成微孔结构。

b. 液态丙烯酸单体　丙烯酸与不饱和聚酯树脂不起反应，但当不饱和聚酯树脂发生反应时放热，使丙烯酸单体发生均聚作用，并且留下泡沫状吸着物，利用泡沫状吸着物生成时产生的压力来阻止不饱和聚酯树脂的聚合收缩（图6-13）。

热塑性聚合物的存在使固化时间延长，放热峰温度下降，对不饱和聚酯树脂交联网络有增稠作用，但降低了树脂体系的强度，所以添加量必须控制在5%左右，粒径小于30μm。

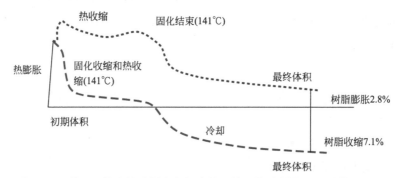

图 6-13　普通不饱和聚酯树脂与低收缩不饱和聚酯树脂固化时体积变化

⑥ 无机填料　降低成本，改善SMC的表观质量以及其他一些性能。

碳酸盐类：$CaCO_3$；硫酸盐类：$BaSO_4$ 和 $CaSO_4$；氧化物类：$Al(OH)_3$。

⑦ 内脱模剂　作用是使制品顺利脱模。

内脱模机理：它是一些熔点比普通模压温度稍低的物质，与液态树脂相容，与固化后树脂不相容，热压成型时，脱模剂从内部逸出到模压料和模具界面处，熔化并形成障碍，阻止黏着，从而达到脱模目的。

常用的有硬脂酸盐、烷基磷酯酸、合成和天然蜡等。硬脂酸盐呈粉末状，国内常用硬脂酸锌，日本常用硬脂酸亚铅，欧美常用硬脂酸钙和镁。用量一般为1%～3%。

常用的熔点：硬脂酸70℃，硬脂酸锌133℃，硬脂酸钙150℃，硬脂酸镁145℃。

⑧ 增强材料　对玻璃纤维的要求：易切割；易分散；浸渍性好；抗静电；流动性好；强度高。

SMC对纤维长度要求：在40～50mm时，纤维含量为25%～35%（质量分数）。

三种类型SMC的配方见表6-5。

表6-5　三种类型SMC的配方

组分	配方			
	S2510	S2511	S2512	质量分数/%
不饱和聚酯树脂（196或198）/kg	18	18	18	100
聚乙烯（PE）/kg	2.7	2.7	5.4	15～30
过氧化二异丙苯（DCP）/g	180	200	200	1～1.1
碳酸钙（双飞粉）/kg	21.6	21.6	21.6	120
聚醋酸乙烯（PVAc）/kg	3.6	3.6	—	20
聚苯乙烯（PS）/kg	—	—	3.6	20
氧化镁/g	540	—	540	3
硬脂酸锌/g	360	360	360	2
氧化钙/氢氧化钙（1.6/1.0）/g	—	460	—	2.6
色浆/g	360～540	适量	适量	2～3
水（视环境而异）	—	—	—	0.4

（2）SMC的制备过程

① 选取原材料　熟悉工艺卡片，并根据工艺卡的要求选取适合的树脂、低收缩添加剂、引发剂、阻聚剂、助剂、填料、增稠剂、脱模剂、色料等原料，并根据各种原材料的配比要求准备原材料。

② 原材料准备　将固体粉料添加物（氢氧化铝、碳酸钙、色料、硬脂酸锌等）放入烘房（60～100℃）中进行烘焙干燥处理，去除固体粉料在贮存、运输等过程中吸收的水分。烘干后将固体粉料取出过筛，去除固体粉料中大的颗粒，过筛后的固体粉料分别用各自的容器密封包装，并检测固体粉料中水分含量是否达标（水分含量≤0.13%），待用。

树脂、苯乙烯、低收缩添加剂等的准备：首先将树脂和低收添加剂装盛桶在地面滚动几分钟，使桶内树脂等混合均匀，并清理桶的两个端面，去除灰尘，待用。

相关内容如图6-14～图6-17所示。

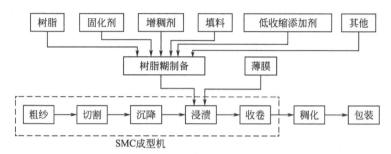

图 6-14　SMC 片材的生产工艺流程

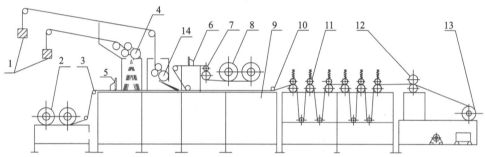

图 6-15　SMC 片材成型机

1—纤维纱团；2—下薄膜；3—展幅辊；4—三辊切割器；5，6—下上树脂刮刀；7—展幅辊；8—上薄膜；
9—机架；10—导向辊；11—浸渍压实辊；12—牵引辊；13—收卷装置；14—长纤维切割器

图 6-16　SMC 用各种颜色的色料

图 6-17　SMC 用填料和脱模剂等固体粉料过筛

③ 设备准备　搅拌前检查搅拌锅的内壁、搅拌桨叶、出料口等是否干净无杂色，如不干净应及时清理干净；检查电子秤是否水平放置，显示是否正常；称量小料的器皿是否干净无杂质；操作人员清洗自己佩戴的手套使其无杂质、无杂色。

④ 树脂和低收剂称量　首先将搅拌锅的出料口关闭，并将电子秤归零，把树脂桶和低收添加剂桶依次放置在电子秤上，以减量法称取工艺配方要求的树脂和低收添加剂并将其放到搅拌锅内，若发现有杂质混入，必须立即将其挑出（图6-18）。打开搅拌锅的搅拌桨叶，开始搅拌，调节搅拌机转速，使其达到配方工艺卡的要求，使其搅拌均匀。

⑤ 引发剂、阻聚剂和助剂等的称量与添加　把称量小料的容器放到电子秤上并去皮，按配方工艺卡的要求称量出所需的引发剂、阻聚剂和助剂等，不同的材料对应不同的容器，不得混用（图6-19）。并将称量好的引发剂、阻聚剂和助剂等加入搅拌锅内，开动搅拌桨叶，搅拌2～3min，使引发剂、阻聚剂和助剂等均匀分散在树脂中。

⑥ 硬脂酸锌的添加　用干净无杂质的称量工具将经烘焙干燥处理并过筛的硬脂酸锌和色料按配方工艺卡的要求称量，加入到搅拌锅中，采取先慢后快的方式搅拌3～5min，搅拌过程中要注意及时用工具把搅拌锅内壁黏附的脱模剂等铲入到搅拌锅中。

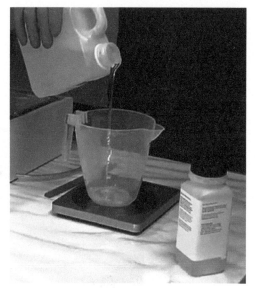

图6-18　SMC用树脂基体的添加　　图6-19　SMC用引发剂、阻聚剂和助剂的称量

⑦ 苯乙烯的添加　用干净无污染（无杂色）的容器按配方工艺卡的要求称量苯乙烯，并分批分次将称量好的苯乙烯加入到搅拌锅中，启动搅拌桨叶使其与树脂体系混合均匀（图6-20）。

图6-20　树脂糊搅拌装置

⑧ 碳酸钙、氢氧化铝等的添加　提升搅拌桨叶的转速，使树脂糊呈涡流状。选择干净无杂质的装盛工具，按配方工艺卡的要求称取烘焙干燥并过筛的碳酸钙和氢氧化铝，缓慢加入粉料，并持续搅拌。搅拌过程中时刻注意搅拌锅内树脂糊的温度，超过40℃必须停机。粉料加入后搅拌过程中用铲子或其他工具把搅拌锅内壁黏附的粉料铲入或刮入到搅拌锅中。加入粉料后搅拌5～8min。观察树脂糊，树脂糊适宜的标准为颜色均匀，无未搅开的粉料，黏度合适。

⑨ 增稠剂的添加　在加入粉料搅拌 5 ～ 8min 后，通知卷料机组人员，在得到卷料机组准备工作完毕后加入增稠剂。加入增稠剂前应提升搅拌桨叶的速度使树脂糊呈涡流状（图 6-21）。加入增稠剂后搅拌 1 ～ 2min。

⑩ 树脂糊的添加　达到搅拌过程终点后把搅拌锅推至放胶槽，打开出料口放胶。放胶完毕后把搅拌锅内壁与锅底黏附的树脂糊铲至放胶槽中，将搅拌锅推离放胶槽，准备下一锅的搅拌。一锅放完后下一锅放之前要将放胶槽内的树脂糊刮净。

图 6-21　搅拌呈涡流状的树脂糊

⑪ SMC 纱线准备　选择 2400TEX 的 SMC 专用纱（图 6-22），将每根纤维纱头理顺，并依次将各纱线从对应的纱管中穿出，保证纱卷处于对应纱管的正下方，并且将引出的纱线引入纤维切割器中，待用（图 6-23）。

⑫ PE 薄膜的准备　将上、下层 PE 薄膜卷筒放置在薄膜放卷装置上，并将 PE薄膜从卷筒上引出，依次穿过导辊、展幅辊、刮刀、纤维沉降室、导向辊、浸渍辊、牵引辊、收卷装置等，并将薄膜固定在收卷轴上，绷紧薄膜，并保证 PE 膜处于载膜轴的中心处。

图 6-22　SMC 用玻璃纤维无捻纱团

图 6-23　玻璃纤维纱的排布

⑬ 试车　开启卷料机和电控装置，检查开关是否有效，各控制阀门是否有效；试切纱，检查短切纱的铺覆均匀性；检查乘载膜的铺展情况，同时胶槽两侧挡板无刮膜现象；检查浸渍区压辊是否处于工作状态，挤压带是否绷紧。

⑭ 上糊操作　开启出料口使树脂糊均匀分布在放胶槽中（图6-24），生产过程中控制放胶速度，使胶槽内树脂糊量保持在1/2左右（图6-25）。

图 6-24　放胶装置向树脂槽中添加树脂糊

图 6-25　下薄膜上树脂糊的操作

上糊的宽度和厚度主要由刮刀控制，分别控制上下膜的刮刀与PE薄膜的间距控制上胶量；上糊的宽度，需要调整挡板的宽度，使其与切纱宽度吻合。上糊时，涂覆树脂糊的宽度应比薄膜每侧窄75mm，上下膜以及膜宽应对齐，否则可能造成复合不齐。

树脂糊可以采用分批混合的方式添加，也可以采用连续计量混合法，如图6-26所示。如采用连续计量混合法则需要利用计量泵将混合原材料送入静态混合器，利用静态混合器的混合特性将物料混合均匀，并通过连续喂料机将混合均匀的物料喂入成型机的上糊区。

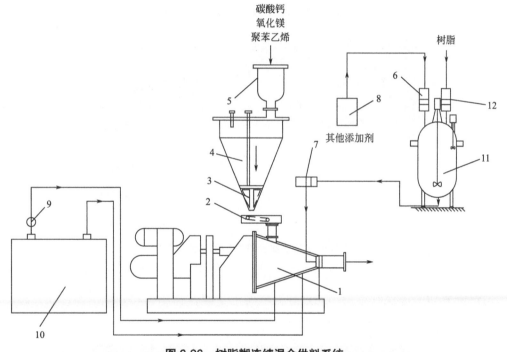

图 6-26 树脂糊连续混合供料系统

1—带挤压卸料头的旋转供料器；2—预混合供料器；3—带搅拌器的下料斗；4—脉动料斗；5—带式混合器；6—计量泵；7—树脂泵；8—引发剂贮箱；9—泵；10—冷却器；11—反应釜；12—树脂泵

⑮ 纤维的切割与沉降　开启三辊切割机（图6-27），使从排纱装置引入的玻璃纤维无捻粗纱顺利切割，并均匀铺撒在涂有树脂糊的下薄膜上。玻璃纤维的长度可以根据需要适度调节，通过调节三辊切割机中切割辊上刀片之间的间距进行调节。纤维的添加量需要通过调整纤维的股数和切割辊的转速进行调节（图6-28）。

切割辊与垫辊直径应不相同，如果相同刀片、切割点在垫辊上始终不变，很容易使橡胶套损坏。如直径不相同，使切点沿圆周均匀分布，可延长橡胶套的使用寿命。

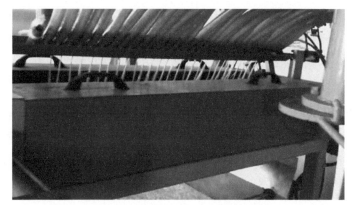

图 6-27 无捻粗纱的排布及切割装置

图 6-28 玻璃纤维无捻粗纱的切割与沉降

⑯ 片材的复合　利用刮刀将树脂糊均匀涂覆在上下PE膜上，并在下膜上均匀沉降短切的玻璃纤维层，通过导向辊将上下膜及树脂糊和纤维层叠合在一起，形成复合带（图6-29）。

图 6-29　上下膜以及树脂糊、短切纤维层的复合

⑰ 浸渍和压实　在SMC成型机里，浸渍、脱泡、压实主要靠各对挤压浸渍辊的挤压作用，以及片材自身所产生的弯曲、延伸、压缩和揉捏等作用来实现的。

挤压浸渍辊由一系列上下交替排列的成对辊筒组成（图6-30），小辊外表面带有环槽，大辊外表面是平的，相邻两个槽辊的环槽是错开的，这样交替环压，反复数次，使物料沿辊筒来回流动，反复挤压捏合，起到均匀混合和充分浸渍的作用。经挤压浸渍后的SMC片材如图6-31所示。

图6-30　挤压浸渍辊、挤压带的分布

图6-31　经挤压浸渍后的SMC片材

⑱ 收卷　在收卷过程中要保持恒定的张力。即需要调整卷筒轴的转速，使其卷筒的线速度保持恒定。若转速不能调控，随着收卷卷径的增大，线速度增大，最终会使SMC片材被拉断。

在收卷时复合膜要完全将纤维及树脂糊包裹住，并用胶带将接口与两端处封闭，以减少苯乙烯的挥发（图6-32）。称量卷料的净重，并将标明生产日期、重量、型号、颜色、批号的标签贴到对应卷料的接口处。

图 6-32　SMC 片材的收卷装置

图 6-33　SMC 片材折叠与分包过程及装置

SMC片材也可以采用折叠的方式按箱包装，如图6-33所示，并在折叠料的外层用锡箔纸等反辐射材料包装成箱。

⑲ 熟化间的准备　在SMC熟化之前，首先应该检查熟化间的热风循环装置是否处于运行状态。熟化间的温度控制是否均匀、稳定。一般熟化间的温度应保持在35～45℃之间，40℃最为适宜。

⑳ 熟化与存放　片状模塑料从成型机卸下后，必须经过一段时间熟化，当黏度达到模压黏度范围并稳定后，才能使用。在室温下SMC熟化需1～2周，40℃下，需24～36h。

SMC存放与贮存状态和条件有关，为防止苯乙烯挥发，存放时必须用非渗透性薄膜密封包装。环境温度对SMC的存放寿命影响较大，所以应与热源保持2m以上的距离，以免片材固化；SMC片材的码放装置离墙应保持0.5m以上的距离，可使热风充分循环。

SMC片材的熟化时间由其熟化程度决定，熟化程度由树脂糊的锥入度判定（锥入度是衡量树脂稠度及软硬程度的指标，它是指在规定的负荷、时间和温度条件下锥体落入试样的深度。其单位以0.1mm表示。锥入度值越大，表示树脂越软；反之就越硬）。

6.2.2.2 纤维预浸料制备工艺

（1）纤维预浸料的组分材料 纤维预浸料所用的原材料主要包括树脂基体、纤维增强体、离型纸。

① 树脂基体 常用的树脂种类主要有酚醛树脂、环氧树脂、双马来酰亚胺树脂、氰酸酯树脂、聚酰亚胺树脂等几类。

对树脂基体的要求：树脂基体具有强度高、模量高、韧性好的特点；成型温度低，压力小，时间短；所制备的预浸料黏性适中，铺覆性好；所制备的预浸料挥发分低，对人体无伤害；树脂基体玻璃化温度较高，耐湿热性好；对水、化学药品、油类环境抗耐性能优良；燃烧时低烟、低毒、低热释放速率；贮存寿命长。不同类型树脂基体的基本性能优劣对比见表6-6。

表6-6 不同类型树脂基体的基本性能优劣对比

树脂	固化温度/℃	工作温度/℃	工艺性能	流动性	湿热力学性能	断裂韧性	阻燃性
环氧	121～177	80～177	优	低至高	差	良	差
酚醛	约170	约200	优	中至高	差	差	优
氰酸酯	约177	约200	优	低至高	良	差	优
双马来酰亚胺	约230	约260	良	低至高	良	差	优
聚酰亚胺	约316	约371	差	低至高	良	差	优

② 纤维增强体 预浸料使用的纤维增强体主要是碳纤维、芳纶纤维、玻璃纤维及其织物。

对纤维增强材料的要求：具有高的强度和模量，断裂伸长率大，且性能的分散性应尽可能的小；纤维的线密度或织物的面密度要稳定；纤维经过表面处理，和树脂界面结合性能优良；纤维经过上浆处理，上浆剂和基体树脂相容性好，在保证其他性能的同时，上浆剂尽可能的少；单向预浸料所用的纤维应是无捻或解捻纤维，以利于浸胶时纤维分散；无毛团、断丝，尽可能没有毛丝。

③ 离型纸 离型纸是预浸料和复合材料工艺过程中用的辅助材料，虽不进入复合材料构件中，但对预浸料的性能有重要的影响。离型纸是表面涂有防粘层的

牛皮纸。

主要要求：具有足够的拉伸强度和撕裂强度，使用中不断裂；预浸料可从离型纸表面取下，不残留剩余物；离型纸要和预浸料结合牢固，不脱落，不被常用的低沸点溶剂溶解；具有良好的尺寸稳定性，且不随环境温度、湿度而变化；厚度稳定均匀，分差尽可能小，以利于树脂基体含量的闭环自动控制；双面离型纸两面的脱模能力应有差别，即粘贴预浸料表面的脱模力应较未粘贴表面的差。

（2）纤维预浸料的制备

① 预浸料制备方法概述　热固性树脂基体预浸料的制备目前主要采用两种工艺方法：溶液浸渍法和热熔法。

溶液浸渍法是把树脂基体各组分按规定的比例，溶解于低沸点的溶剂中，使其成为具有一定浓度的溶液，然后将纤维增强体以设定的速度通过树脂基体溶液，使其浸渍一定量的树脂基体，然后烘干除去溶剂，得到具有一定黏性的纤维预浸料。

热熔法是指将树脂基体置于胶槽中，加热到一定温度，使树脂熔融，然后将纤维增强体依次通过展开机构、胶槽、挤胶辊、重排机构，最后收卷，制备纤维预浸料的方法。

溶液浸渍法的优点：纤维增强体容易被树脂基体浸透；可以制造薄型预浸料，也可以制造厚型预浸料；设备造价相对较低。

溶液浸渍法的缺点：需要干燥炉除去溶剂或进行溶剂回收，处理不当会引起燃烧或引起环境污染；预浸料往往残留一定量的溶剂，成型时易形成孔隙，影响复合材料性能。

热熔法的优点：过程线速度大、效率高；树脂含量容易控制；没有溶剂，预浸料挥发分含量低，工艺安全；不需要干燥炉，减少了环境污染；制膜和浸渍过程可分步进行，减少了材料的损失；预浸料的外观质量也较好。

热熔法的缺点：厚度大的预浸料难以浸透，高黏度树脂难于浸渍，离型纸和薄膜用量大。

② 预浸料溶液浸渍法制备工艺　如图6-34和图6-35所示。

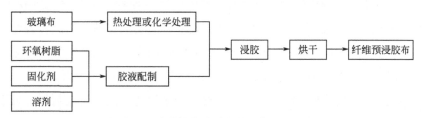

图6-34　玻璃纤维预浸布的制备工艺流程

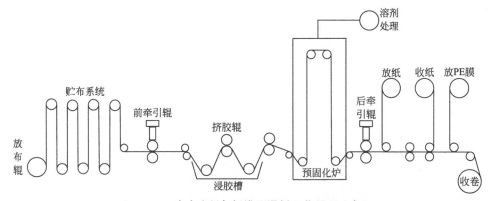

图 6-35　溶液法制备纤维预浸料工艺原理示意图

a.浸胶机开车前准备　首先对浸胶生产线进行开车前检测，关闭预固化炉的顶盖、窗口和门等。开启所有电气设备，根据工艺卡的要求将控制系统设在张力控制模式，设定每一区适当的张力控制值；设定每一加热区的温度值；设定线路牵引速度。开启预固化炉的加热系统、供风及循环风机等，开始加热（图6-36）。

图 6-36　纤维立式浸胶机生产设备

b.纤维增强材料准备　选择使用增强型浸润剂处理过的无碱玻璃布，单位面积质量为（300±20）g/m²，厚度为（0.30±0.03）mm，幅宽为（1000±20）mm。

选择的无碱玻璃布如果是纺织型浸润剂处理的，则需要在制备生产线上添加纤维脱蜡处理装置和增强型浸润剂浸渍、烘干装置。处理条件一般为：脱蜡炉温度调至400～430℃，浸渍浓度为1‰～3‰的KH-570偶联剂水溶液，偶联剂烘炉的温度为110～120℃。

c.纤维布的缝接与张紧　开启空气压缩机系统并打开所有供气阀，将纤维布卷固定在放卷装置上（图6-37），并从玻璃布卷上引出纤维布，将引出的纤维布与导布进行缝接，缝接宽度要适当，需要保证在牵引时不会发生部分或全部断开现象，各截面接缝要均匀。缝接完毕后，上紧所有区域的导布。玻璃纤维布贮存装置如图6-38所示。

图6-37　玻璃纤维布放卷装置

图6-38　玻璃纤维布贮布装置

d.树脂胶液准备　树脂配方：环氧树脂648；NA酸酐加入量为树脂质量的80%；二甲基苯胺加入量为树脂质量的1%；丙酮加入量为树脂质量的100%～120%。

首先将树脂加热升温到130℃后，加入NA酸酐，充分搅拌，当温度回升到120℃时滴加二甲基苯胺，并在120～130℃下反应一段时间，降温冷却，边降温边将溶剂丙酮加入，调整其黏度，边搅拌边测量胶液的相对密度，胶液相对密度为1.06～1.08。

将配制的环氧树脂胶液添加到带冷却夹套的树脂槽中，浸胶过程中利用胶槽的夹套来保证胶液温度恒定在25～30℃。当胶槽内溶剂挥发，胶液相对密度增高时，应添加相对密度低0.01～0.02的稀胶液，并搅拌均匀。不要直接加溶剂。

玻璃纤维布浸胶装置与挤压浸渍辊如图6-39所示。

e.纤维布的浸胶　启动系统驱动器，使玻璃纤维布逐渐张紧并缓缓运行。注意跟踪玻璃布的缝接口，当布缝接头经过系统后，即每次产品布到达浸胶槽时，开始调节引导设备，提升盛放树脂胶液的胶槽到指定位置，并启动挤压浸渍胶辊。

图 6-39　玻璃纤维布浸胶装置与挤压浸渍辊

　　挤压浸渍辊既能除去多余胶液，又能将胶液压入布内，促进树脂对纤维的浸渍，预浸胶布中含胶量的控制通常调节两对挤压辊的间距，或通过调节挤压辊上面的刮刀与胶辊间距，控制胶层厚度来实现（图6-40～图6-42）。

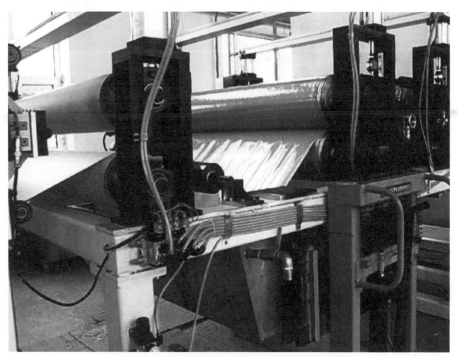

图 6-40　提升胶槽后的玻璃纤维布浸胶装置图

图 6-41　纤维浸胶机的挤压浸渍辊

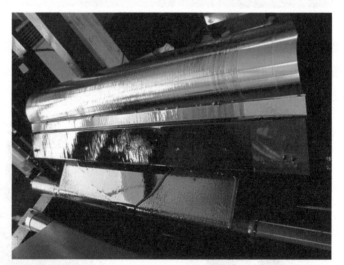

图 6-42　利用刮刀调节挤压辊表面胶层厚度控制含胶量

浸渍时间长有利于布的浸透，但生产效率降低。浸渍时间过短，则玻璃布不易被浸透。上胶量不足，影响胶布及复合材料的质量。一般玻璃布浸渍环氧胶液的时间控制在 15～30s 范围内。

浸渍过程还要启动树脂胶液的再循环装置，对胶槽进行补胶，使胶槽中的树脂料位保持在设定范围内。

f.胶布的烘干　胶布的干燥过程是一个复杂的物理和化学过程。烘干过程的实质是：ⓐ去除胶液中含有的挥发分（水、溶剂、低分子物质）；ⓑ使树脂初步固化（由A阶向B阶转化）。

纯干燥过程：在胶布进入烘箱时，可挥发分均匀分布在树脂胶液中，胶布的表面首先和干燥介质相接触，使表面挥发分气化。这样就造成了物料内部和表面的浓度差，内部挥发分向表面扩散，在表面层不断气化，这样边气化边扩散，使得胶布的挥发分不断气化，而达到干燥的目的。

烘干过程中应控制的主要因素为预固化炉温度、烘干时间、布面风速等。

ⓐ 预固化炉（图6-43）内温度的控制，必须做到：保证树脂不过早地由A阶转化到B阶；干燥过程能够使表面气化良好，充分将物料中的挥发物排除；同时均匀地由A阶转化到B阶；在出口处，使聚合反应停止，如果在过高的温度下收卷，使得余热包覆在胶布里面，导致树脂继续发生缩聚反应，胶布中不溶性树脂含量增加，使胶布失去使用效果。

通常立式浸胶机预固化炉入口处温度为30～60℃，中部为60～80℃，顶部为85～130℃。卧式浸胶机入口处温度为90～110℃，中部为120～150℃，出口处为100℃以下。

ⓑ 干燥时间。干燥时间是浸渍胶布在预固化炉内的时间，它是保证胶布质量的重要工艺参数之一。它与预固化炉长度和牵引速度有关。干燥时间取决于烘干温度、布面风速、胶液固化速率及胶布质量指标。通常牵引速率为1.5～3m/min，干燥时间为预固化炉有效长度除以牵引速度。

ⓒ 布面风速。布面风速的增加能使气流内挥发物浓度降低，并使布面的气压变低，从而挥发物易于挥发。通常布面风速采用3～4m/s。

图6-43　纤维立式浸胶机的预固化炉体

g. 纤维预浸布的收卷　纤维烘干后经过冷却装置冷却，在牵引机的作用下向前运行。同时将薄膜放卷装置上的PE薄膜从卷筒上引出，依次经过后牵引辊、引导辊、收卷装置后，绷紧薄膜，使玻璃纤维浸胶布与PE薄膜经挤压复合，并一起卷制在收卷装置上（图6-44和图6-45）。

图6-44　浸胶机的PE薄膜的放卷及与胶布的复合

图6-45　收卷时纤维预浸布与PE薄膜复合物

h. 预浸布的存放　纤维预浸布从成型机卸下后，用非渗透性密封袋密封，待用。

6.3 工艺过程

6.3.1 模压工艺流程

SMC模压成型工艺流程如图6-46所示。

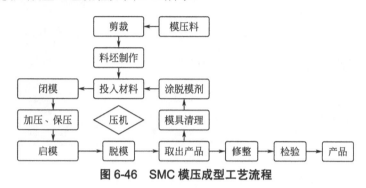

图 6-46 SMC 模压成型工艺流程

6.3.2 模压工艺过程

（1）模压成型设备的准备　根据模压制件成型模具的外形尺寸、成型压力等选择适合的液压机，通过桁车将成型模具移至液压机的工作台面上，并将成型模具水平安装在液压机工作台面的中心位置。将液压机多余的液压管路与液压脱模机构的油缸进出油管路相连接。

根据成型模具的加热方式连接油（或蒸汽）加热管路或电加热线路。油（或蒸汽）加热管路一定要拧紧，防止成型过程中发生漏油（或漏气）现象。其工艺生产线如图6-47所示。

图 6-47 SMC 模压成型工艺生产线

（2）SMC的质量检查　模压前，必须了解SMC的质量，具体包括树脂的配方、树脂的固化特性、纤维含量、单重、收缩率、均匀性、薄膜揭去性等（图6-48）。

图6-48　SMC模压料的准备

（3）模具加热及清理　开启油温机的电源，将其加热温度设为150～155℃，并启动油温机的加热系统，开始为模具加热。加热过程中，开启模具，用棉布将模具表面的防锈油擦拭干净，待用（图6-49和图6-50）。

图6-49　模压成型用油温机　　　图6-50　模压成型模具表面涂覆的防锈油层

（4）镶块和嵌件的安放　镶块和嵌件在安放前必须进行检查和清洗，避免污染，确保嵌件与模压料之间的界面结合性能。镶块和嵌件在放入模腔时，需对镶块和嵌件进行预热处理；安放时要求平稳准确，以确保在模压料充模流动时不会发生移动。

（5）喷涂脱模剂　脱模剂应优选液体脱模剂，脱模剂一般采用液体喷壶进行喷涂（图6-51）。脱模剂的用量在满足顺利脱模要求下，应尽可能少用，并要涂覆均匀，否则将会降低模压制品的表面质量和影响脱模效果。

（6）SMC料的剪裁　在SMC模压料裁剪前，首先应将SMC片材的挤压边去除（图6-52）。为方便裁剪，应根据制品的结构形状、加料位置、流动路程决定模塑料剪裁的形状和尺寸，制作样板，再按样板裁料。剪裁的形状一般为长方形或圆形，剪裁时使用锋利的剪刀或小刀，并将裁剪下的SMC片材根据成型面积的大小进行折叠放置。

图 6-51　脱模剂的喷涂

图 6-52　SMC 模压料挤压边的去除

在整个备料的过程中，要严格保持工器具及周围环境的清洁，装模前再揭去上下两个面的薄膜，以防止外界杂质的污染，影响制品外观（图6-53）。

图 6-53　SMC 模压料 PE 薄膜的揭除

（7）加料量的确定　加量料的计算首先应根据制件的三维模型计算其体积，并根据下式计算。根据计算结果称量模压料。

加量料＝制品体积×SMC料的密度×105％

SMC模压料的称量如图6-54所示。

图 6-54　SMC 模压料的称量

（8）加料面积的确定　加料面积一般为水平投影面积的60％～90％，并根据制件的结构复杂程度以及试模情况进行适当调整。如结构复杂，物料充模流动不便，则需要加大加料面积（图6-55和图6-56）。

图 6-55　初次试模时的 SMC 铺料情况

图 6-56　初次铺料试模时的 SMC 模压制件

（9）加料的位置和方式　待模具温度升到（140±5）℃时，开模加料。一般应将物料放在模腔的中部。对于非对称的复杂制品，加料位置必须确保成型时料流同时到达模具成型内腔的各端部，并尽可能避免压机、模具承受偏心载荷。多层片状模塑料叠放时，最好将料块按上小下大呈锥形重叠放置，这种加料方式有利于排出空气。料块尽量不要分开，否则容易形成空气裹集和熔接区，导致制品强度下降（图6-57和图6-58）。

图 6-57　改进的 SMC 铺料情况

图 6-58　改进铺料方式模时的 SMC 模压制件

（10）闭模　闭模操作时，当成型模具的上模板未触及下模之前，为缩短成型周期，闭模速度应尽量快。当上模板接触到物料时，闭模速度应适当放慢，一方面可以使SMC模压料初步预热，并具有更好的流动性，更易充模流动成型；另一方面可以使残留在模塑料中的空气、水分及挥发物有足够的时间逸出，以保证产品质量（图6-59和图6-60）。

模压成型过程中模具的闭合还需要根据模压料的流动性进行调整，如模压料流动性很差，则需要延长模具与模压料的接触时间，使模压料的塑化更好，有利于改善模压料的充模流动特性。

图 6-59　半闭合状态的模压成型模具

图 6-60　完全闭合状态的模压成型模具

（11）放气　为保证制品的致密性，防止出现气泡和分层现象。闭模后要根据模压料的特性适当地卸压放气，一般放气 1～2 次，通常为 3～20s。第一次卸压放气时间应控制在物料熔融之后进行。排气过早，模塑料尚未进行交联反应，达不到排气的目的；排气太迟，模塑料已经完全固化，气体则难以排除。

SMC 模压成型模具一般不需要放气，酚醛模压料一般需要进行放气操作。

（12）保压固化　保压固化时间要根据制件的厚度确定，厚度不同，保压时间也不同，SMC 模压料的保压时间一般应控制在 1.5min/mm。

（13）脱模及模具清理　为了防止开模时损伤制件及型芯，尤其是含嵌件较多的制件，应先将所有的侧抽芯抽出，再进行开模操作。且在上模与制件脱离之前，开模速度要放慢；在上模与制件脱离后，开模速度可以加快。开模完成后，开启压机的顶出机构将制件顶出，并将留在制件上的带螺纹的嵌件拧下备用（图6-61和图6-62）。

图 6-61　上模开启后的模压制件及模具

图 6-62　液压顶出时的模压制件及模具

脱模后，需用铜刷刮出模腔内的残留物料，然后用压缩空气吹净上下模和台面，准备下一次成型。

（14）冷却与定型　为防止制件在冷却过程中发生变形，提高其尺寸稳定性，将开模得到的制件固定在专用的固定架上进行冷却，制件冷却定型时间为10min，然后将制件从固定架上取下。

（15）修整　制品定型出模后，往往会产生一些飞边、封孔等，为满足制品的设计要求，需要进行修饰及一些磨边、钻孔等辅助加工（图6-63和图6-64）。

图 6-63　模压成型制件的检查

图 6-64　模压成型制件的修整处理

（16）检验　根据制件的安装要求和外形要求等，对制件进行配合尺寸、表面质量等检验，检验合格即得标准制件。

6.4　案例分析及难点指导

6.4.1　控制器壳体模压成型（SMC）

控制器壳体产品示意图见图6-65。

图 6-65　控制器壳体产品示意图

6.4.1.1　制件分析

制件本身结构规整，正面开有两个方孔，背面一侧有两个凸台，左侧有一个带螺纹嵌件的凸台，另外，左右两侧各有带螺纹嵌件的凸台，模压后无法直接顶出。

主要难点在于制件不大，但含螺纹嵌件较多，共有螺纹嵌件26个：上表面边缘10个M6，下底面7个M5，正面有6个M5和2个M8，左侧面有1个M8（图6-66）。控制器壳体制件所需螺纹嵌件图如图6-67所示。

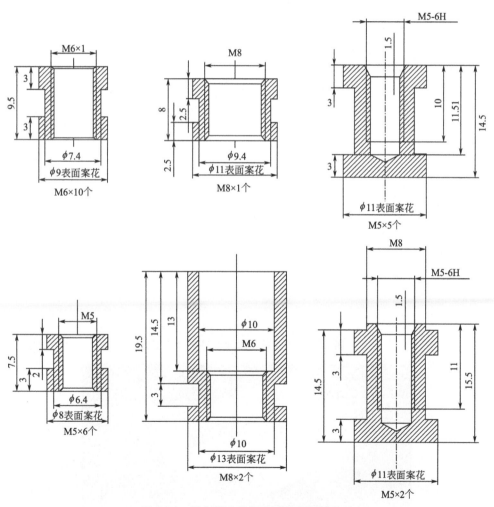

图 6-66　控制器壳体螺纹嵌件数量及尺寸

图 6-67　控制器壳体制件所需螺纹嵌件图

6.4.1.2　辅助脱模镶块的设计与定位

　　制件正面开有两个方孔，背面一侧有两个凸台，左右两侧各有一个带螺纹嵌件的凸台，无法直接顶出，因此设计3个镶块，既可以成型方孔和凸台，还可以用来固定正面的8个螺纹镶件（图6-68～图6-71）。

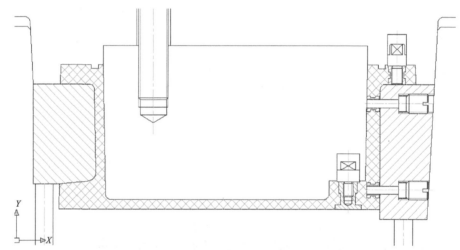

图 6-68　控制器壳体镶块定位 CAD 图

图 6-69　控制器壳体镶块定位图

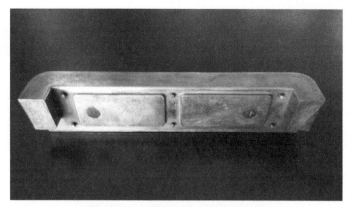

图 6-70　控制器壳体大镶块配件图

图 6-71　控制器壳体小镶块配件图

6.4.1.3　螺纹嵌件的设计与定位

控制器壳体的26个螺纹，方向不一，数量多，无法采用一种方式定位，需要分类进行设计，具体如图6-72～图6-82所示。

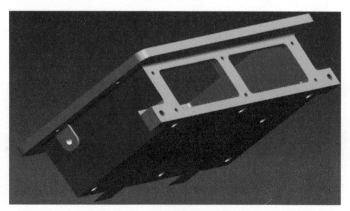

图 6-72　左侧面螺纹嵌件位置

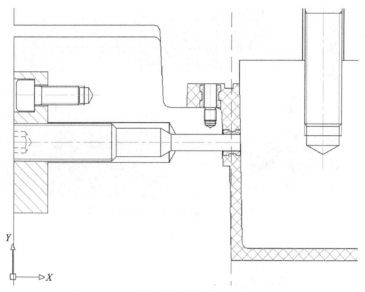

图 6-73　左侧面螺纹嵌件固定设计方案

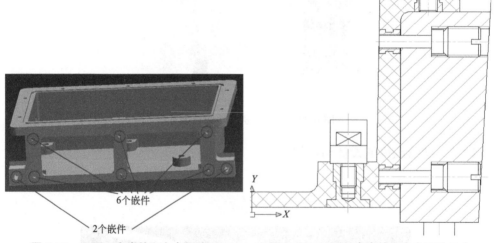

图 6-74　正面 6 个嵌件和左右两边 2
个嵌件分布位置图

图 6-75　正面 6 个嵌件和左右两边 2 个
嵌件定位方案

图 6-76　正面 6 个嵌件和左右两边 2 个嵌件定位照片

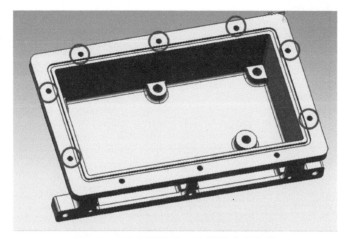

图 6-77　上表面边缘 7 个嵌件分布位置

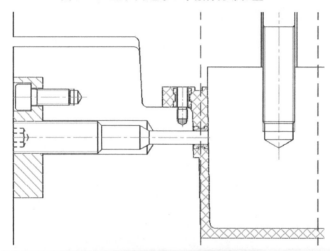

图 6-78　上表面边缘 7 个嵌件固定方案

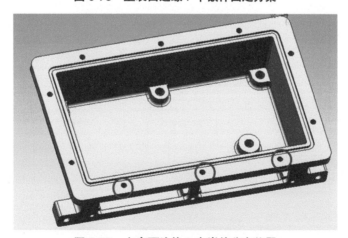

图 6-79　上表面边缘 3 个嵌件分布位置

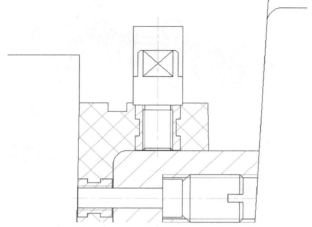

图 6-80　上表面边缘 3 个嵌件固定方案

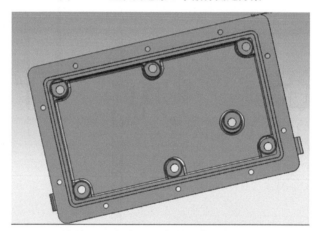

图 6-81　下底面 7 个螺纹镶件分布图

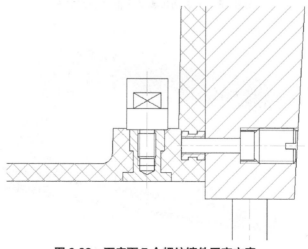

图 6-82　下底面 7 个螺纹镶件固定方案

6.4.1.4 制件成型工艺过程嵌件存在的其他问题及解决方法

（1）螺纹嵌件跑位（图6-83） 解决办法：螺纹嵌件与定位杆之间采用紧密配合或螺纹配合的方式。

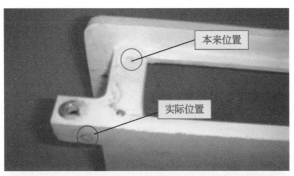

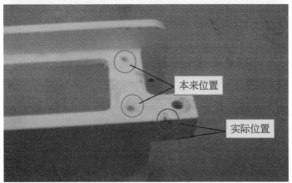

图 6-83 控制器壳体成型过程中出现的嵌件跑位缺陷

（2）嵌件螺纹孔边缘有明显的凹槽（图6-84） 实际要求：上表面边缘的3个与下底面5个螺纹孔周边应该与周边料高度一致，下底面中间两个边缘应高出凸台1mm。

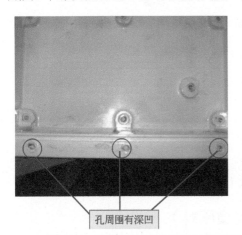

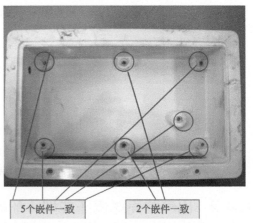

图 6-84 控制器壳体成型时上表面及下底面螺纹孔边缘出现不同程度的凹槽缺陷

解决方法：如图6-85所示，应严格控制嵌件固定型芯的尺寸，型芯的固定段高度 h 正好与模具的定位孔的高度一致，直径 d 与定位孔紧密配合；嵌件的高度要比制件凸台的高度略低，且嵌件上下都应有一定料层。

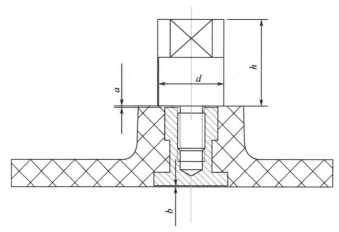

图 6-85 定位孔、型芯及嵌件的配合方式图

6.4.1.5 制件成型过程中产生的缺料问题及控制方法

具体如图6-86～图6-88所示。

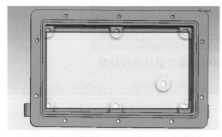

图 6-86 通常 SMC 铺料方式示意图

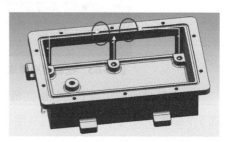

图 6-87 普通铺料方式可能产生的缺陷及其位置

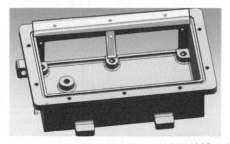

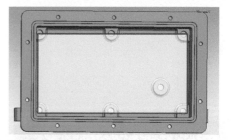

图 6-88 改进后的铺层方式（底面平铺和 T 形料）

6.4.2 出气罩壳体模压成型（酚醛模压料）

酚醛模压料成型出气罩制件图如图6-89所示。

图 6-89　酚醛模压料成型出气罩制件图

6.4.2.1　制件分析

　　制件本身结构相对简单，主要难点在于其一侧有一个圆柱形出气道，并且出气道四周还有一个含四个螺纹嵌件的连接法兰，圆筒形出气道和连接法兰的螺纹嵌件都需要侧抽芯机构成型。拟采用二级液压抽芯机构，按先圆筒后螺纹的顺序，先后将圆筒形型芯和螺纹型芯打入成型（图6-90）。

图 6-90　出气罩成型模具用二级液压抽芯机构

　　出气罩使用环境温度较高，工作温度接近150 ～ 160℃，内腔压力大，SMC无法满足其使用要求，因此选择强度和耐热性更好的纤维增强酚醛模塑料。

6.4.2.2 制件用原材料及性能对比

片状酚醛模压料（图6-91）：纤维呈片状，裁剪方便；铺覆性能好；体积小，压缩比小［（2～）3∶1］，加料腔的高度较低。

丝状酚醛模压料（图6-92）：纤维呈丝状，裁剪较困难；铺覆性较差；体积大，压缩比大［（6～8）∶1］，需要增加加料腔的高度。

将丝状或片状模压料裁剪成5～8cm长度。对于片状模压料可以用剪刀进行剪裁（图6-93）；丝状模压料则需要用铡刀进行剪裁（图6-94），丝状模压料剪裁后，还需要进行撕松处理（图6-95）。所制备的复合材料出气罩中，纤维分布呈现不同的状态，其产品性能差异也较大（图6-96～图6-100）。

图 6-91 片状玻璃纤维增强酚醛模压料

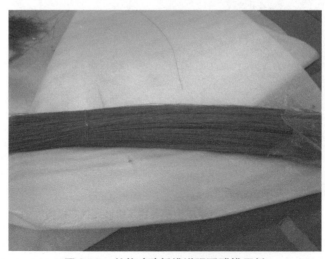

图 6-92 丝状玻璃纤维增强酚醛模压料

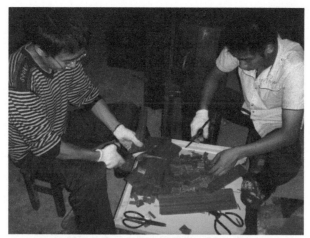

图 6-93　片状玻璃纤维增强酚醛模压料裁剪切

图 6-94　丝状玻璃纤维增强酚醛模压料裁剪切

图 6-95　经短切和松散的酚醛模压料

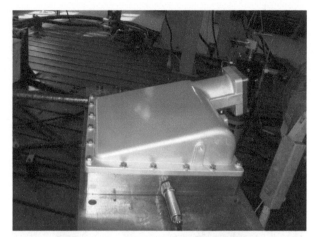

图 6-96　出气罩内部充压疲劳试验

图 6-97　片状模压料出气罩内压试验出现裂纹图

图 6-98　丝状模压料出气罩内压疲劳试验后样件

图 6-99 片状模压料出气罩内压裂纹断面

图 6-100 丝状模压料试样纤维分布

片状模压料制备的出气罩样件在进行内压试验时，随着内压的增加，试件中间平面部分逐渐形成鼓包。当静压力增加到 4.2×10^5Pa时，出现不规则的裂纹，裂纹约长25cm，平面变形量达到10mm，并出现液压油渗漏。

丝状模压料制备的出气罩样件在进行内压试验时，随着内压的增加，试件中间平面部分出现轻微的凸起，当静压压力增加到 5.0×10^5Pa时，停止增压，保压10min，试件中间平面未产生裂纹，且无液压油渗漏。继续增加压力至 6.0×10^5Pa，试件平面部分无裂纹出现，最大变形量达到3.6mm，无液压油渗漏。

内压疲劳试验：设定内压为 $(6.0 \pm 1.0) \times 10^5$Pa，即对试件加载 $(5 \sim 7) \times 10^5$Pa的脉动载荷，调整其振动频率为 $5 \sim 6$Hz，循环10万次，样件仍完好。

6.4.2.3 出气罩丝状模压料的铺覆方式

由于丝状模压料压缩比大 [(6～8)：1]，添加的模压料的体积远大于模具加料腔的体积，因此采用分次加料、压实的方法进行模压料的铺设，如图6-101～图6-104所示。

在出气筒法兰盘部位，螺纹嵌件周边包覆的复合材料相对较薄，在合模加压后螺纹嵌件打入时，会造成螺纹嵌件挤压纤维使其无法完全包紧螺纹嵌件，导致螺纹周边包覆料不足而形成废品。因此，出气筒法兰盘附近的纤维需要裁剪成2～3cm，在铺设时应首先将其铺设在模具的法兰部位，如图6-105和图6-106所示。

图 6-101　出气罩丝状模压料第一次加料

图 6-102　丝状模压料第一次加压

图 6-103 丝状模压料第一次加料后的纤维分布

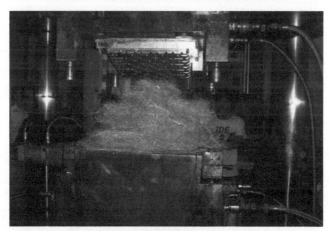

图 6-104 丝状模压料第二次加压

图 6-105 酚醛模压料出气罩出气筒法兰盘

6.4.2.4 出气罩热压成型注意事项

（1）模压料的预热 预热的目的：提高物料流动性，便于装模和充模流动成型；去除物料中大部分的水分和挥发物，提高制品性能；降低模压压力，减少对型腔的磨损，延长模具的使用寿命。

图 6-106　出气罩出气筒法兰盘部位丝状料的铺设

酚醛模压料纤维含量高，纤维长度是SMC纤维长度的2倍左右，因此，流动性极差。因此，模压成型时，必须对模压料进行预热处理。处理方式为：将裁剪的酚醛模压料放入红外烘箱中进行预热处理。处理条件：在90℃的条件下，预热3～5min，具体情况以模压料发软为准。

（2）压制过程 压制温度为（165±2）℃，当上模板接触到物料时闭模速度应适当放慢，缓慢加压，半分钟时加压为全压的1/2～2/3，此时模具处于非闭合状态（图6-107），停留半分钟，使纤维模压料受热充分，具有很好的流动性，迅速开模放气1次；迅速加压至全压的2/3，停留半分钟，开模放气1次，然后迅速加全压成型。保温固化16～18min，具体根据制品颜色而定，如发红则减少时间；固化开模顶出制品，如图6-108所示。

图 6-107　出气罩处于非闭合的模压状态

图 6-108　出气罩制件固化开模状态

放气：为保证制品的致密性，防止出现气泡和分层现象。第一次卸压放气时间应控制在物料熔融之后进行。排气过早，模压料尚未进行交联反应，达不到排气的目的；排气太迟，模塑料已经完全固化，气体则难以排除。

6.4.3　气门室体模压成型

气门室体产品三维造型及制件如图6-109所示。

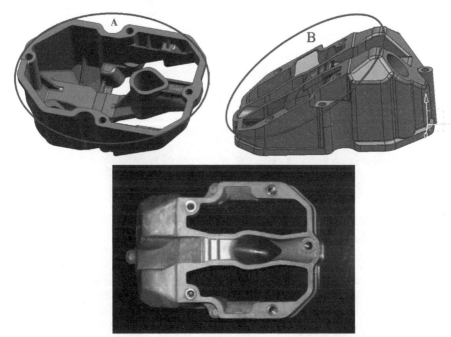

图6-109　气门室体产品三维造型及制件

6.4.3.1　制件分析

气门室体制件结构规整性差，气门室体制件有2个呈30°高精度配合面A和B（如图6-109所示），其余部分都呈不规则形状；在A配合面上通过4个通孔进行装配固定，在B配合面上通过4个螺纹孔与气门室盖相连接。

主要难点在于：4个螺纹和3个长通孔的成型。

6.4.3.2　螺纹的成型

B配合面上4个螺纹的成型方式：将螺纹嵌件分别固定在4个圆柱型芯上，利用侧抽芯机构控制4个圆柱型芯的打入和拔出。在模压闭合后，利用油缸将固定有螺纹嵌件的4个型芯强行打入制件中，脱模时首先将4个型芯拔出，再顶出脱模。所设计的成型模具如图6-110和图6-111所示。

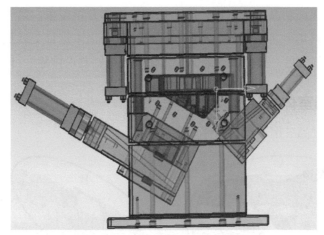

图 6-110　气门室体模具三维造型

图 6-111　气门室体成型模具

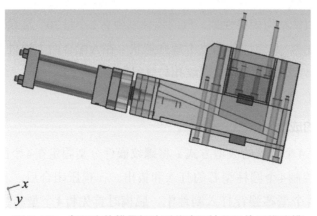

图 6-112　气门室体模具螺纹型芯液压抽芯机构三维建模

　　酚醛模压料成型时成型压力高，螺纹型芯及嵌件在闭模后打入困难，需要很高的压力才能实现，因此，其侧抽芯机构横向油缸打入以及锁死，所设计的侧抽芯机构如图6-112所示。

　　气门室体制件使用环境苛刻，长时间处于高温（130～140℃）、高振动作用下，容易使螺纹嵌件逐渐松动，形成间隙，而使嵌件被拔出；同时嵌件的摆动对包裹嵌件的复合材料产生持续冲击，致使嵌件周围的复合材料出现裂纹，如图6-113所示。为保证使用过程中嵌件拔出和包辅料破裂，需要将包辅料层厚度增加到5～8mm，如图6-114所示。

图 6-113　气门室体在台架试验过程中产生的嵌件拔出和包覆料破裂

图 6-114　气门室体 B 配合面螺纹嵌件包覆层设计

6.4.3.3 长通孔的成型

气门室体制件上有3个长度62mm的通孔，通孔壁厚4mm，如直接用固定型芯成型，成型时模压料需绕长型芯流动充模，容易在通孔边缘形成树脂聚集区，制件在装配时很容易产生挤压裂纹，如图6-115所示。因此，决定采用短型芯定位和后加工通孔的方式成型，如图6-116和图6-117所示。

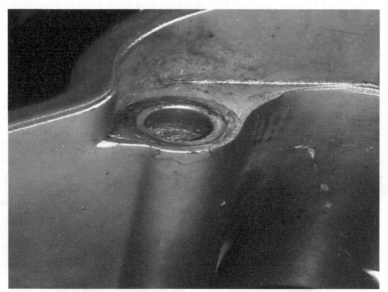

图6-115　气门室体长通孔在装机试验过程中出现裂纹

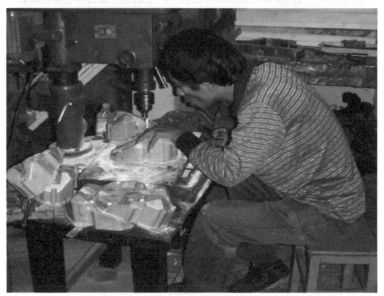

图6-116　气门室体长通孔的机加工

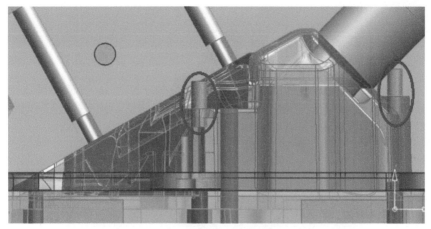

图 6-117　气门室体长通孔短型芯定位图

6.4.3.4　气门室体热压成型注意事项

（1）脱模过程控制　为了使制件在开模时包覆在上凸模上，并利用上模的顶出机构将制件顶出，一旦产品留在下模，则制件很难去除，如图6-118所示。需要在产品内部添加可强制顶托的凸台，如图6-119所示。

（2）配合面平整度控制　为保证配合面A的平整度，在脱模后需要对制件进行压力定型冷却，防止其在冷却过程中发生变形，影响配合面的平整度，如图6-120所示。

图 6-118　气门室体留在下模后制件的去除

图 6-119　气门室体内部凸台设计

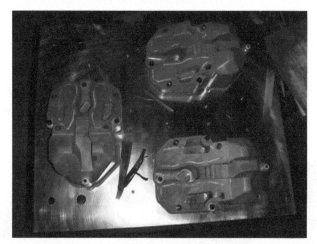

图 6-120　气门室体制件的压力定型冷却

参考文献

[1] 刘雄亚，谢怀勤. 复合材料工艺及设备. 武汉：武汉理工大学出版社，1994.

[2] 益小苏，杜善义，张立同. 复合材料手册. 北京：化学工业出版社，2009.

[3] 贾立军，朱虹. 复合材料加工工艺. 天津：天津大学出版社，2007.

[4] 欧阳国恩. 复合材料实验指导书. 武汉：武汉理工大学出版社，1997.

[5] 张凤翻. 复合材料用预浸料. 高科技纤维与应用，1999，24（5）：28-32.

[6] 张凤翻. 复合材料用预浸料. 高科技纤维与应用，1999，24（6）：29-31，48.